Die
geometrischen Constructionen
der
ebenen und konischen
excentrischen Rad- und Zahn-Curven.

Für den Selbstunterricht

bearbeitet

von

Theodor Schönemann.

Mit drei Steindrucktafeln.

Berlin:

Verlag von Veit & Comp.

1842.

Druckfehler.

Seite	Zeile			
4	4	von oben	lies:	stehe statt stehen
13	5	— unten	—	$\frac{\gamma_1}{\beta\beta_1}$ statt $\frac{\psi_1}{\beta\beta_1}$
20	1	— —	—	noch statt och
23	13	— oben	—	$\frac{(r+n)^2}{n}$ statt $\frac{(r+n)^2}{2}$
32	6	— —	—	erhält statt enthält
32	8	— —	lies	$-lg\,q+$ statt $-lg\,q=$
43	9	— unten	—	f_2 parallel statt f_2
—	8	— —	—	f_2 statt f_1
—	7	— —	—	g_2 statt g_1
65	5	— —	—	nun — un
70	1	— —	—	$\frac{\sin\varrho \sin\nu \tan r}{\sin(\varrho+h)}d\varphi$ statt $\frac{\sin\varrho \sin\nu \tan r}{\sin(\varrho+h)}d\psi$

Vorrede.

Da man die excentrischen Räder bereits zu verschiedenen technischen Zwecken, besonders bei der Weberei angewendet hat, und eine Theorie dieser Räder, so viel mir bewusst ist, noch nicht existirte, so habe ich die folgende Untersuchung über excentrische Räder und Zähne unternommen. Hierzu wurde ich insbesondere noch durch eine Aufgabe des Herrn Professor Wolff am Königlichen Gewerbeinstitut, welche den Gegenstand des §. 9. des ersten Capitels zum Zielpunkt hatte, angeregt. Es hat sich ergeben dass diese Räder einer allgemeineren Anwendbarkeit fähig sind, und zu verschiedenen Zwecken der Technik benutzt werden können, zu welchen jetzt minder vortheilhafte Maschinen angewendet werden.

Man wird sich überzeugen dass die Theorie der excentrischen Räder und der Zähne mit einer Theorie des Rollens im engsten Zusammenhange stehen. Die schönen Resultate welche der Herr Professor Steiner in diesem Felde erlangt hat, sind bekannt genug, um der Hoffnung Raum zu geben, dass sich aus den Forschungen dieses berühmten Geometers noch viele Aufschlüsse über jenen verwandten Gegenstand finden werden. Eine Hoffnung, die sich bei mir durch einige mündliche Mittheilungen, welche der Herr Professor Steiner mir schon vor längerer Zeit (vergl. §. 7. des zweiten Capitels) die Güte hatte zu machen, zur Gewissheit steigert. Viel mehr indessen als durch jene Mittheilungen hat Steiner durch die hohe Ausbildung der elementaren geometrischen Methode, für die allgemeine Anwendbarkeit der Geometrie auf die Technik geleistet, und auch auf die Bearbeitung der folgenden Untersuchung einen Einfluss geäussert, von dem ich nur wünschen kann, dass er eher mehr als weniger bemerkbar werde.

Bei der Ausarbeitung habe ich mich bemüht diejenigen Punkte der Untersuchung besonders hervorzuheben, welche für die Anwendung wichtig werden können. Die Bestimmung der Krümmungsradien der Zahncurven wird hoffentlich den Praktikern angenehm sein, da sie eine direkte Vergleichung der gewöhnlichen Methoden (die Zähne annäherungsweise nach gewissen Kreislinien zu konstruiren) mit den strengen Resultaten der Theorie zulässt und am natürlichsten die angenäherten Constructionen selbst bestimmt. Vieles von rein geometrischem Interesse, z. B. über Rectification und Quadratur der Zahncurven, welches sich sehr leicht durch die entwickelten Principien einfach hätte darlegen lassen, ist, als ungehörig für den vorgesteckten Zweck, fortgeblieben.

Das Unendlich Kleine habe ich nach den einfachsten Anschauungen zu behandeln gesucht. Der wissenschaftliche Techniker muss sich durchaus mit diesen Ansichten vertraut machen, wenn er aus der Mathematik Nutzen ziehen will, weil ihm sonst die wichtigsten Einsichten unzugänglich bleiben. Nichts befördert indessen mehr das Eindringen in die mit Unrecht so sehr gefürchtete Infinitesimalrechnung als das Durcharbeiten einer Anzahl zweckmässig ausgewählter Beispiele, zu welchen vielleicht auch die hier erörterten zu zählen sein möchten.

Um die Selbstthätigkeit zu beleben ist es dem

Leser überlassen worden, leichtere Fragen selbst zu beantworten. Hierdurch wurde zugleich der Text bedeutend abgekürzt, und dem minder Geübten Gelegenheit gegeben zu untersuchen, wie weit er in den Gegenstand eingedrungen sei.

Sollte dieses Büchlein, wie ich mir schmeichle, für die Technik und den Unterricht einigen Nutzen schaffen, so werde ich hierin die grösste Aufmunterung für fernere Arbeiten finden.

Berlin den 26. Juli 1841.

Theodor Schönemann.

Erstes Capitel.

§. 1.

Die Zahnräder dienen in der praktischen Mechanik vorzüglich dazu, die rotirende Bewegung eines Rades auf ein anderes zu verpflanzen. Die Einwirkung des einen Rades auf das andere geschieht durch Zähne, welche als ein System von Hebeln anzusehen sind, die nacheinander in Wirksamkeit treten, und welche das bewegte Rad nöthigen mit dem bewegenden zugleich eine rotirende Bewegung anzunehmen. Die Zähne müssen während ihrer gegenseitigen Einwirkung auf einander sich berühren; der Druck welcher normal auf die Zähne im Berührungspunkte erzeugt wird, bewirkt eines Theils das Drehen des bewegten Rades, andern Theils einen Druck auf die Zapfenlagen der Räder, und eine Reibung der Zähne unter einander. Je grösser der Druck der Zähne auf einander wird, um so grösser wird die Zapfenreibung und die Reibung der Zähne unter einander. Um die hieraus entspringenden und der Bewegung schädlichen Kräfte auf ihr Minimum zurückzuführen, wird es wünschenswerth dass die Berührung der Zähne, auf der Verbindungslinie der Drehungscentra, welche kurzweg Centrale heissen mag, und auch in der Richtung dieser Linie Statt findet. Denn auf diese Weise theilt sich der ganze Druck des Zahnes vom bewegenden Rade dem bewegten ungeschwächt als Drehkraft mit. Der Druck auf die Zapfenlagen wird hierbei also nicht unnöthig vergrössert, und die Reibung der Zähne unter einander verliert ganz ihren schädlichen Einfluss, da ihre Richtung durch die beiden Drehungscentra geht, also ihre Momente für beide Räder verschwinden. Da es nicht möglich ist bei einem Paar Zähne die Berührungslinie der Zähne lange in hinreichender Nähe der Centralen zu halten, um die angedeuteten schädlichen Einwirkungen nicht zu gross werden zu lassen, so unterbricht man den Lauf des ersten Zähnepaars, und ersetzt es durch folgende Zähnepaare, welche während ihrer gegenseitigen Einwirkung sich nur wenig, von der aufgestellten Bedingung entfernen. Denkt man sich unendlich viele unendlich kleine Zähne, deren gegenseitiges Einwirken immer auf der Centralen Statt findet, so bestimmen diese für jedes Drehungscentrum eine besondere Curve (bei Kreisrädern sind diese die Kreise selbst, welche Theilrisse genannt zu werden pflegen), welche im Allgemeinen von solcher Beschaffenheit sein müssen, dass indem sich beide um ihre Drehungscentra drehen, die Berührung beider stets auf der Centralen Statt findet. Diese beiden Curven sollen bezüglich zu einander: Entsprechende Drehungscurven, heissen.

In Folgendem soll nun untersucht werden, welchen Bedingungen die beiden Drehungscurven gegenseitig zu genügen haben.

§. 2.

Wenn die Drehungscurven nicht auf der Centralen senkrecht stehen, so müssen bei der Drehung gleiche Bogen beider Curven durch die Centrale gehen.

Beweis. Die Drehungscentra der beiden Curven A und B seien a und b (Fig. 1.), die Punkte in welchen sich beide Curven berühren α und β, und die Punkte welche bei erfolgter unendlich kleiner Drehung auf der Centralen mit einander in Berührung kommen α_1 und β_1. Von α_1 und β_1 fälle man die beiden Lothe $\alpha_1 e$ und $\beta_1 f$ auf die Centrale. Da man nun das unendlich kleine Dreieck $\alpha\alpha_1 e$ als geradlinig ansehen kann, so wird die Tangente des Winkels unter dem A die Centrale schneidet $\frac{e\alpha_1}{e\alpha}$ sein, und die Tangente des Winkels unter dem die Curve B die Centrale schneidet $\frac{f\beta_1}{f\beta}$; da beide Curven mit einander in Berührung stehen, so müssen sie die Centrale unter demselben Winkel schneiden, es muss daher 1) $\frac{e\alpha_1}{e\alpha} = \frac{f\beta_1}{f\beta}$ oder $\frac{e\alpha_1}{f\beta_1} = \frac{e\alpha}{f\beta}$ sein. Da aber α_1 und β_1 nach erfolgter Drehung auf den Centralen sich berühren sollen, so muss $a\alpha_1 + b\beta_1 = ab$ sein. Es ist aber $a\alpha_1$ gleich seiner Projection ae und $b\beta_1$ seiner Projection bf zu setzen, da diese Grössen unter einander nur um unendlich kleine Grössen der zweiten Ordnung verschieden sind, man hat demnach $bf + ae = ab$ oder $ef = o$, und $\alpha e = \beta f$. Vorausgesetzt nun dass αe und βf nicht beide verschwinden, so folgt aus der Gleichung 1) jetzt, dass $e\alpha_1 = f\beta_1$ sei. Da nun $\alpha\alpha_1 = \sqrt{e\alpha^2 + e\alpha_1^2}$ und $\beta\beta_1 = \sqrt{f\beta^2 + f\beta_1^2}$, so muss $\alpha\alpha_1 = \beta\beta_1$ sein, wenn nicht $e\alpha$ und $f\beta$ verschwinden, denn für diesen Fall wird der Ausdruck $\frac{e\alpha_1}{f\beta_1} = \frac{0}{0}$ unbestimmt. Verschwinden aber jene Grössen so schneiden die Curven A und B die Centrale unter einem rechten Winkel, denn die Tangenten dieser Winkel werden $\frac{e\alpha_1}{0}$, oder $\frac{f\beta_1}{0}$ also beide unendlich.

Zusatz. Man kann auch den umgekehrten Satz aufstellen: Wenn die Curven A und B bei der Drehung sich stets auf den Centralen treffen, und es gehen von beiden stets gleiche Bogen durch die Centrale, so berühren sich die Curven A und B bei der gegenseitigen Drehung stets auf der Centralen, sind also selbst Drehungscurven.

Denkt man sich beide Drehungscurven in Berührung, so sollen die Punkte beider Curven welche nach einander in Berührung kommen, die also auf den Drehungscurven um gleiche Curven-Bogen von jenen Berührungspunkten entfernt sind: entsprechende Punkte der Drehungscurven heissen, die zu diesen Punkten gehörigen Tangenten, Normalen und Krümmungsradien sollen ebenfalls entsprechende Tangenten, Normalen und Krümmungsradien heissen.

§. 3.

Um von den Drehungscurven sofort eine klarere Anschauung zu verschaffen, wird es gut sein einige Beispiele solcher Curven aufzustellen.

1) Zwei Kreise die sich von innen oder aussen berühren, und deren Mittelpunkte ihre respectiven Drehungscentra bilden.

2) Zwei congruente Ellipsen A und B (Fig. 2.) die man sich in der ersten Lage in den Endpunkten α und β der grossen Axen mit einander in Berührung denken möge. Die Drehpunkte sind von jeder Ellipse ein Brennpunkt, entweder a und b, oder a_1 und b_1, deren Entfernung von einander gleich der grossen Axe der Ellipsen ist.

Um dies zu übersehen denke man a und b als Drehungscentra, setze den Bogen $\alpha\alpha_1 = \beta\beta_1$, und ziehe die Brennstrahlen $a\alpha_1$, $a_1\alpha_1$ und $b\beta_1$, $b_1\beta_1$. Offenbar ist nun $a_1\alpha_1 = b\beta_1$, folglich auch $a\beta_1 + b\beta_1 = ab$, da diese Centrale gleich der grossen Axe der Ellipse ist. Zieht man jetzt an α_1 und β_1 die Tangenten cd und $\gamma\delta$, so ist nach einem bekannten Satze der Winkel $a\alpha_1 c =$ dem Winkel $b\beta_1\delta$. Hieraus schliesst man leicht, dass wenn nach erfolgter Drehung die Curven A und B sich auf den Centralen in den Punkten α_1 und β_1 treffen, auch die beiden Tangenten cd und $\gamma\delta$ zusammen fallen, dass somit die Curven A und B sich auf den Centralen berühren, und daher Drehungscurven sind.

Bei einem etwas veränderten Gange hätte man den angeführten Satz, dass nämlich Winkel $a\alpha_1 c =$

Winkel $b\beta_1\delta$ leicht aus dem Zusatz des §. 2. ableiten können.

3) Zwei kongruente Parabeln welche sich in der ersten Lage mit ihren Scheiteln berühren, und von denen die eine sich um ihren Brennpunkt dreht, und die andere um einen unendlich entfernten Punkt auf der Centralen, oder von denen die andere eine rein fortschreitende Bewegung in der Richtung der Normalen auf der Centralen hat. — Folgt ähnlich wie der zweite Fall.

4) Zwei kongruente Zweige einer Hyperbel welche sich in ihrer ersten Lage im Scheitel berühren und von welchen der eine Zweig sich um seinen innern, der andere um seinen äussern Brennpunkt dreht. — Folgt ebenfalls ähnlich wie der zweite Fall.

§. 4.

Denkt man sich eine Drehungscurve rolle auf einer ihr entsprechenden, so dass nach einander immer entsprechende Punkte in Berührung kommen, so beschreibt der Drehungspunkt der rollenden Drehungscurve einen Kreis, dessen Radius gleich der Centralen ist.

Welche Sätze ergeben sich hiernach für die in §. 3. angeführten Fälle?

§. 5.

Aufgabe. Es ist gegeben die Drehungscurve A das ihr zugehörige Drehungscentrum a, ferner das Drehungscentrum b, aber nicht die Drehungscurve B selbst; man soll für einen Punkt β der Drehungscurve

B, welcher dem Punkte α entspricht, den Krümmungsradius bestimmen.

Man nehme zuerst an, die Berührung der Curven ***A*** und ***B*** finde innerhalb der beiden Drehungspunkte a und b auf der Centralen statt (Fig. 3.); und denke dieselben mit den entsprechenden Punkten α und β in Berührung, errichte im Punkte (α β) eine für beide Curven gemeinschaftliche Normale $c\,\gamma$, ferner errichte man in beiden Curven in den jenem Punkte unendlich nahe liegenden entsprechenden Punkten α_1 und β_1 die Normalen $\alpha_1\, c$ und $\beta_1\, \gamma$, so werden bekanntlich $\alpha\, c$ und $\beta\, \gamma$ die Krümmungsradien von ***A*** und ***B*** sein. Man nenne nun, wie aus der Bezeichnung in der Figur hervorgeht, r die Linie $\alpha\, c$, r_1 die Linie $\beta\gamma$, ferner x die Winkel $c\, \alpha\, a$ und $b\, \beta\, \gamma$ und u die Winkel $c\, a_1\, a$ und $b\, \beta_1\, \gamma$. Dass diese letzten beiden Winkel wirklich einander gleich sein müssen, wird man leicht einsehen, wenn man die Curven ***A*** und ***B***, in α und β, in Berührung denkt; da jene alsdann Scheitelwinkel werden. Die Winkel $\alpha c \alpha_1$, $\beta\gamma\beta_1$, $\alpha a \alpha_1$, $\beta b \beta_1$, sollen wie aus der Figur hervorgeht mit ν, ν_1, ψ und ψ_1, bezeichnet werden. Man hat nun $\nu = \psi + \mu - x$ und $\nu_1 = \psi_1 + x - \mu$. Addirt man beide Gleichungen so erhält man $\nu + \nu_1 = \psi + \psi_1$. Dividirt man diese Gleichung durch $\alpha\alpha_1 = \beta\beta_1$ so erhält man $\frac{\nu}{\alpha\alpha_1} + \frac{\psi_1}{\beta\beta_1} = \frac{\psi}{\alpha\alpha_1} + \frac{\psi_1}{\beta\beta_1}$. Führt man als Winkelmaass die Grösse des Kreisbogens ein, der zu dem gegebenen Winkel als Centriwinkel und zum Radius 1 gehört, so giebt irgend ein Kreisbogen durch seinen zugehörigen Centriwinkel dividirt den

Radius des Kreises an. Nennt man also die Krümmungsradien von A und B für die entsprechenden Punkte α und β, wie hier geschehen, r und r_1, so ist $\frac{\nu}{\alpha\alpha_1} + \frac{\nu_1}{\beta\beta_1} = \frac{1}{r} + \frac{1}{r_1}$. Sieht man ferner die Dreiecke $a\alpha\alpha_1$ und $b\beta\beta_1$ als geradlinig an, welches erlaubt ist, da die Bogen $\alpha\alpha_1$ und $\beta\beta_1$ unendlich klein sind, so erhält man $\frac{\sin\psi}{\alpha\alpha_1} = \frac{\sin a\alpha\alpha_1}{a\alpha_1}$ und $\frac{\sin\psi_1}{\beta\beta_1} = \frac{\sin\beta\beta_1 b}{b\beta_1}$. Da ψ und ψ_1 unendlich klein sind, so kann man in diesen Quotienten ψ und ψ_1 statt $\sin\psi$ und $\sin\psi_1$, und $a\alpha$ und $b\beta$ statt $a\alpha_1$ und $b\beta_1$ setzen. Hierdurch geht die obige Gleichung in $\frac{1}{r} + \frac{1}{r_1} = \frac{\sin a\alpha\alpha_1}{a\alpha} + \frac{\sin b\beta\beta_1}{b\beta}$ über. Setzt man $a\alpha\alpha_1 = b\beta\beta_1 = \varphi$, und $a\alpha = \rho$ und $b\beta = \rho_1$ so erhält man daher $\frac{1}{r} + \frac{1}{r_1} = \sin\varphi\left\{\frac{1}{\rho} + \frac{1}{\rho_1}\right\}$.

Berühren sich die Curven A und B auf der Centralen ausserhalb der Drehungspunkte a und b, indem jede ihrem Drehungspunkte die concave Seite zukehrt, so wird man finden, dass $\nu - \nu_1 = \psi - \psi_1$ ist, und hieraus die Gleichung $\frac{1}{r} - \frac{1}{r_1} = \sin\varphi\left\{\frac{1}{\rho} - \frac{1}{\rho_1}\right\}$ ableiten. In beiden Formeln hat man die Werthe $\frac{1}{r}$ und $\frac{1}{r_1}$, welche nach Gauss die Werthe der Krümmungen oder die Krümmungen der Curven A und B für die Punkte α und β genannt werden, positiv oder negativ zu nehmen, je nachdem die Curven ihren Drehungspunkten die concave oder convexe Seite zukehren. Hiervon kann man sich leicht durch Specialisirung der obigen Construction überführen; die Vorzeichen von ν und ν_1 entsprechen in der Gleichung $\nu \pm \nu_1 = \varphi \pm \varphi_1$ stets den Zeichen von $\frac{1}{r}$ und $\frac{1}{r_1}$. Setzt man die Centrale gleich k, so erhält man für den ersten Fall $\rho + \rho_1 = k$, und daher $\frac{1}{r} + \frac{1}{r_1} = \frac{k}{\rho\rho_1} \sin\varphi$, und für den zweiten Fall $\rho_1 - \rho = \pm k$, und daher $\frac{1}{r} - \frac{1}{r_1} = \pm \frac{k}{\rho\rho_1} \sin\varphi$; wo das obere oder untere Zeichen zu nehmen ist je nachdem ρ_1 grösser oder kleiner als ρ ist. — Entwickelt man aus diesen Cleichungen $\frac{1}{r_1}$ so ist die gestellte Aufgabe vollständig gelöst.

Wie kann man vermöge dieser Gleichung die Ausdrücke für die Krümmungshalbmesser der Ellipse, Parabel und Hyperbel entwickeln? und wie kann man die Krümmungshalbmesser selbst nach jenen Ausdrücken konstruiren?

§. 6.

Die Gleichung $\nu \pm \nu_1 = \psi \pm \psi_1$ galt zunächst für unendlich kleine Winkel. Denkt man sich nun für unendlich viele solcher aufeinander folgenden Winkel dieselbe Gleichung aufgestellt, und addirt sämmtliche Gleichungen, indem man bemerkt, dass die Summe aller unendlich kleinen Winkel, welche die auf einander folgenden Krümmungsradien mit einander bilden, gleich demjenigen Winkel ist, der von dem ersten und letzten der in Betracht gezogenen Krümmungsradien gebildet wird, so erhält man folgenden Satz: Bedeuten α und α_n, β und β_n zwei Paare entsprechender Punkte der Drehungskurven, und man zieht die zu diesen Punkten gehörigen Radien vectoren aus den zugehörigen Drehungspunkten, nämlich ϱ und ϱ_1, ϱ_n und ϱ_{1n}, ferner die zu diesen Punkten gehörigen Krümmungsradien r und r_1, r_n und r_{1n}, so ist der von ϱ und ϱ_n gebildete Winkel $\pm$ dem Winkel welcher von ϱ_1 und ϱ_{1n} gebildet wird $=$ dem Winkel der von r und r_n gebildet wird, $\pm$ dem Winkel den r_1 und r_{1n} mit einander bilden.

Wie heissen die Sätze, welche sich vermöge dieses Satzes für die Ellipse, Parabel und Hyperbel ableiten lassen?

§. 7.

Da man schon öfters Kreisscheiben, die sich nicht um ihren Mittelpunkt drehen, in der Praxis angewendet hat, um vermöge ihrer entsprechenden Drehungscurven die rotirende Bewegung zu modificiren, so sollen hier die entsprechenden Drehungscurven von Kreisen, deren Drehungscentra nicht mit ihrem Mittelpunkte zusammen fallen, genauer untersucht werden.

Mit Beibehaltung der frühern Bezeichnung sei nun zunächst die Aufgabe gestellt, den Krümmungsradius der Curve B, welche dem Krümmungsradius in α für den Kreis A entspricht, unter der Voraussetzung zu construiren, dass b das gegebene Drehungscentrum von der Curve A sei, und für jede Stellung von A ausserhalb dieses Kreises falle. Zu dem Ende ziehe man durch den Mittelpunkt c des Kreises A eine unbegrenzte Linie $\alpha\ c$ (Fig. 4.), errichte in a und b Normalen auf ab, und nenne die Schnittpunkte dieser Normalen mit der Linie αc, d und δ, so wird $\frac{1}{\alpha d} + \frac{1}{\alpha\delta} = \sin\varphi \left\{\frac{1}{\varrho} + \frac{1}{\varrho_1}\right\}$. Nun mache man $de = d\alpha$ und ziehe $e\delta$ und $\alpha f \ddagger de$ bis zum Schnittpunkt mit $e\delta$; wegen Aehnlichkeit der Dreiecke $\delta\alpha f$ und δde erhält man $\frac{\alpha\delta}{\alpha f} = \frac{\alpha\delta + \alpha d}{de = ad} = \frac{\alpha\delta}{\alpha d} + 1$, und daher $\frac{1}{\alpha f} = \frac{1}{\alpha d} + \frac{1}{\alpha\delta}$. Nach der Gleichung des §. 5. erhält man $\frac{1}{r} + \frac{1}{r_1} = \sin\varphi \left\{\frac{1}{\varrho} + \frac{1}{\varrho_1}\right\}$, und daher nach dem eben Entwickelten $\frac{1}{r_1} + \frac{1}{r_1} = \frac{1}{\alpha f}$. Nun mache man $\alpha g = \alpha f$, und gh = und $\ddagger$ mit αf, und ziehe ch bis zum Schnittpunkt k mit αf, so wird αk der gesuchte Krümmungshalbmesser r_1 sein; denn man erhält $\frac{\alpha c}{\alpha k} = \frac{\alpha c - \alpha g}{gh}$ oder $\frac{r}{\alpha k} = \frac{r - \alpha g}{\alpha g}$ und daher $\frac{1}{\alpha k} = \frac{1}{\alpha f} - \frac{1}{r}$. Da die Krümmung sich für den vorliegenden Fall positiv ergeben hat, so wird man den Krümmungskreis der Curve B erhalten, wenn man $\alpha\gamma$ auf αc nach entgegen gesetzter Richtung von

e abträgt, und mit $\gamma\alpha$ um γ einen Kreis beschreibt. — Wie würde die Construction ausfallen wenn $\alpha f > ac$ wäre? Nach welche Seite hin wäre alsdann die Curve B gekrümmt? Wie würden sich diese Fälle machen wenn b und a auf einer Seite von α lägen?

Um nun den Ausdruck für r_1 abzuleiten, nenne man die Linie ac, n und die Linie ab, k, so ist $k = \varrho + \varrho_1$. Aus dem Dreieck $a\alpha c$ ergiebt sich $n^2 = \varrho^2 + r^2 - 2\,\varrho r \sin\varphi$ und daher $\sin\varphi = \frac{\varrho^2 + r^2 - n^2}{2\,\varrho r}$. Die Gleichung $\frac{1}{r} + \frac{1}{r_1} = \sin\varphi \left\{\frac{1}{\varrho} + \frac{1}{\varrho_1}\right\}$ geht demnach in folgende über $\frac{1}{r} + \frac{1}{r_1} = \frac{\varrho^2 + r^2 - n^2}{2\,\varrho r} \left\{\frac{k}{\varrho\,(k - \varrho)}\right\}$, und hieraus erhält man $\frac{1}{r_1} = \frac{2\,\varrho^3 - \varrho^2 k + (r^2 - n^2)\,k}{2\,r\varrho^2\,(k - \varrho)}$ und $r_1 = \frac{2\,r\varrho^2\,(k - \varrho)}{2\,\varrho^3 - \varrho^2 k + (r^2 - n^2)\,k}$. Soll diese Formel auf in einander greifende Zahnräder angewendet werden, so muss der Drehungspunkt der gesuchten Drehungscurve so liegen, dass er nie in Peripherie des gedrehten Kreises falle. Es muss also $k - \varrho$ entweder stets positiv oder stets negativ sein, und mag für die zunächst folgende Untersuchung stets positiv angenommen werden, r_1 kann durch die Veränderung von ϱ also nie o werden, es kann aber dennoch sein Zeichen ändern, indem der Nenner $2\,\varrho^3 - \varrho^2 k + (\nu^2 - n^2)\,k$ mit Veränderung von ϱ durch o geht. Da verschiedenen Vorzeichen von r_1 entgegengesetzte Krümmungen von der Curve B entsprechen, so wird es wichtig, die Werthe von ρ zu untersuchen, bei welchen jener Ausdruck durch o geht, oder mit andern Worten die Wurzeln der Gleichung $2\rho^3 - \rho^2 k + (r^2 - n^2) k = o$ zu untersuchen. Zu dem Ende bemerke man, dass n nur kleiner als r oder höchstens gleich r sein kann; weil für einen entgegengesetzten Fall A durch Drehung in solche Lage versetst werden kann, dass es mit den Centralen, somit auch mit B keinen Punkt auf der Centralen gemeinschaftlich haben kann, so dass also jener gemeinschaftliche Berührungspunkt zwischen A und B, der sich immer auf der Centralen befinden den sollte, immaginär würde. Setzt man nun $r^2 - n^2 = m^2$, so sieht man leicht, dass der Ausdruck $2\rho^3 - \rho^2 k + m^2 k$, für $\rho = o$ positiv und für $\rho = -\infty$ negativ werde, woraus man folgert, dass die Gleichung $2\rho^3 - \rho^2 k + m^2 k = o$ eine negative Wurzel habe.

Da die hier in Betracht gezogenen Werthe von ρ zwischen $r + n$ und $r - n$ liegen, und immer positiv sind, so tritt jener Werth von ρ (die negative Wurzel der Gleichung) nicht in die betrachten Grenzen, kann also unberücksichtigt bleiben. Bevor nun die Realität der beiden andern Wurzeln untersucht wird, mag bemerkt werden, dass sie in die hier betrachteten Werthe nur eintreten können, wenn sie innerhalb der Grenzen $\rho = r + n$ und $\rho = m = \sqrt{r^2 - n^2}$ liegen. Um sich hiervon zu überzeugen gebe man der Gleichung die Form $2\rho^3 + k(m^2 - \rho^2) = o$, soll die Gleichung in Erfüllung gehen, so muss nothwendig $m^2 - \rho^2$ negativ sein, welches nur zwischen den für ϱ angebenen Grenzen Statt findet. Setzt man in dem Ausdrucke $2\varrho^3 - k\varrho^2 + km^2$ statt ϱ, $r+n$ so erhält man $2(r+n)^3 + k(r^2 - n^2 - (r+n)^2) = 2(r+n)((r+n)^2 - kn)$, und derselbe wird daher positiv, wenn $k < \frac{(r+n)^2}{n}$ und negativ wenn $k > \frac{(r+n)^2}{n}$ ist. Für den zweiteu Fall muss eine, und zwar nur eine Wurzel zwischen die Grenzen $\varrho = r + n$ und $\varrho = m$ fallen, denn da die Krümmung von B für $\varrho = r + n$ negativ ist, und für $\varrho = m$ positiv, so muss sie nothwendig einmal für zwischen liegende Werthe von ϱ verschwinden, kann aber auch nicht zweimal durch o gehen, weil sie nach dem zweiten Durchgang negativ werden würde, und doch für $\varrho = m$ positiv ist. Ist also $k > \frac{(r+n)^2}{n}$ so findet für B an einem Punkte der irgend einem Pnnkte von A entspricht, zu dem ein Werth von ϱ gehört, der zwischen $r+n$ und m liegt, ein Wechsel der Krümmung statt, oder es ist hier, wie man auch zu sager pflegt, ein Wendungspunkt der Curve B. Für den ersten Fall, wenn $k < \frac{(r+n)^2}{n}$ ist, liegen zwischen den angegebenen Grenzen zwei Wendungspunkte für B, oder gar keiner, denn da die Krümmung von $\varrho = r + n$ positiv ist, wie für $\varrho = m$, so könnte sie entweder für diese Grenzen stets positiv bleiben, oder sie könnte auch innerhalb der Grenzen ins Negative übergehen, müsste aber dann wieder och innerhalb der Grenzen ins Positive übergehen, weil sie für $\varrho = m$ schon positiv ist. Um diese beiden Fälle unterscheiden zu können, setze man $2\varrho^3 - k\varrho^2 + km^2 = y$, und denke für rechtwinklige Coordinaten die Linie construirt, welche durch obige Gleichung bestimmt ist, wenn ϱ die Abscisse und y die Ordinate bezeichnet. Dem negativ unendlichen ϱ entspricht ein negativ unendliches y; indem ϱ nun wächst (d. h. absolut genommen kleiner wird) wird auch y wachsen, ein Maximum erreichen, dann abnehmen und ein Minimum erreichen, und dann wieder bis ins Unendliche wachsen. Ist das Maximum positiv, das Minimum negativ, so muss die Curve, bevor y das Maximnm erreicht, die Abscissen-Linie einmal schneiden, dann diese Linie in dem Intervall das dem Maximum und Minimum entspricht, noch einmal schneiden, und zum dritteumale in dem Intervall das dem Minimum von y und $y = +\infty$ entspricht; die Gleichung wird alsdann 3 reelle Wurzeln haben, weil y für 3 Werthe von ϱ verschwindet. Findet jene Bedingung nicht Statt, so hat die Gleichung nur eine reelle Wurzel. Hiervon überzeugt man sich leicht durch die besonderen Annahmen, welche man unter dieser Voraussetzung machen kann.

Man erhält ferner $\frac{dy}{d\varrho} = 6\varrho^2 - 2k\varrho$ und $\frac{d^2y}{d\varrho^2} = 12\varrho - 2k$, und hieraus schliesst man aus bekannten Lehren, dass das Maximum von y für $\varrho = o$, und das Minimum für $\varrho = \frac{1}{3}k$ eintreten werde. Für den ersten Fall wird $y = km^2$ also positiv, für den zweiten $= \frac{2}{27}k^3 - \frac{1}{9}k^3 + m^2 k = k \left\{ -\frac{1}{27}k^2 + m^2 \right\}$

Soll also die Gleichung $y = o$ drei reelle Wurzeln haben so muss $\frac{1}{27} k^2 > m^2$ oder $k > 3m\sqrt{3}$ sein. Es bleibt noch zu untersuchen, ob die Wurzeln jener Gleichung in die hier betrachteten Grenzen von $\varrho = m$ und $\varrho = r + n$ fallen. Da y für $\varrho = m$ und $\varrho = r + n$ positiv ist, und y von $\varrho = o$ bis $\varrho = \frac{1}{3} k$ abnimmt; und von $\varrho = \frac{1}{3} k$ bis $\varrho = \infty$ zunimmt, indem ϱ wächst, so muss y für $\varrho = m$ abnehmen, und für $\varrho = r + n$ zunehmen, indem ϱ wächst, wenn zwei Wurzeln für $y = o$, innerhalb der Grenzen m und $r + n$ fallen sollen; denn offenbar entspricht dann das Minimum von y einem Werthe von ϱ, der zwischen m und $r + n$ liegt, in andern Fällen aber nicht. Es muss daher $\frac{dy}{d\varrho}$ für $\varrho = m$ negativ, und für $\varrho = (r + n)$ positiv werden, oder es muss $6 m^2 - 2 m k = 2 m (3 m - k)$ negativ und $2 (r + n) (3 (r + n) - k)$ positiv sein, oder es muss $k > 3 m$, und $k < 3 (r + n)$ sein.

Da für diese Untersuchung wegen der Bedingung der Realität aller 3 Wurzeln k sich schon grösser als $3 m \sqrt{3}$ ergeben hat, und $3 m \sqrt{3} > 3 m$ ist, so ist die Bedingung $k > 3 m$ schon in der Bedingung $k > 3 m \sqrt{3}$ enthalten, und da ferner, damit die Krümmung von B für $\varrho = r + n$ positiv werde, sich $k < \frac{(r + n)^2}{n}$ ergeben hat, so kann man sagen dass für diesen Fall k kleiner sein müsse als der kleinste unter den Werthen 3 $(r+n)$ und $\frac{(r+n)^2}{n}$. Fasst man nun die erhaltenen Resultate noch ein mal zusammen, so kann man sie folgendermaassen aussprechen: Ist $k-\rho$ stets positiv, oder k grösser als der grösste Werth von ρ, also grösser als $r+n$, so wird die Curve B von dem Punkte an, der $\rho_1 = k - m$ bis $\rho_1 = k-(r-n)$ entspricht, stets eine positive Krümmung haben; ist ferner $k > \frac{(r+n)^2}{n}$ so wird die Krümmung der Curve B für $\rho_1 = k-(r+n)$ negativ, und die Curve B hat einen Wendungspunkt an einem Punkte der einem Werthe von ρ_1 entspricht der zwischen $\rho_1 = k-(r+n)$ und $\rho_1 = k-m$ liegt. Ist $k < \frac{(r+n)^2}{2}$ so wird die Krümmung der Curve B für $\rho_1 = k-(r+n)$ positiv, die Curve B hat nun in dem so eben bestimmten Intervall zwei Wendungspunkte wenn $k > 3\,m\sqrt{3}$ und $k < 3\,(r+n)$ ist. Werden diese beiden Bedingungen nicht zu gleicher Zeit erfüllt, so hat die Curve B auf dem bezeichneten Intervall keinen Wendungspunkt und bewahrt immer die positive Krümmung.

Was findet Statt wenn $k = 3\,m\sqrt{3}$ und $< \frac{(r+n)^2}{n}$ ist? Wie ändern sich die einzelnen Punkte der Untersuchung wenn ρ_1 oder $k-\rho$ stets negativ bleibt?

Zusatz. Die Formel für den Krümmunpsradius der Drehungscurve B vereinfacht sich sehr, wenn man $k = \infty$ setzt. Dividirt man nämlich Zähler und Nen ner mit k so erhält man $\frac{1}{r_1} = \frac{2.\frac{\varrho^3}{k} - \varrho^2 + m^2}{2 r \varrho^2 \left\{1 - \frac{\varrho}{k}\right\}}$, da unter dieser Voraussetzung $\frac{\varrho}{k} = o$ ist so erhält man $\frac{1}{r_1} = \frac{m^2 - \varrho^2}{2 r \varrho^2}$. Nimmt man ferner an, dass der Drehungspunkt von A in dessen Peripherie fällt, so erhält man $m = o$ und $\frac{1}{\varrho_1} = -\frac{1}{2r}$ oder $r_1 = -2r$. **Die Drehungscurve ist also in diesem Falle ein Kreis von gleichliegender Krümmung mit dem gegebenen A, und der Radius von B ist noch einmal so gross wie der von A.** Hiervon kann man sich leicht auf folgende elementare Weise überführen.

Um c (Fig. 5) beschreibe man einen Kreis A mit dem Radius r, errichte in einem Punkte α eine unbegrenzte Tangente, ziehe den Durchmesser αa. **Jetzt sehe man $a\alpha$ als Centrale und a als Drehunpspunkt von A an, so ist der Kreis B, welcher mit $a\alpha$ um a beschrieben ist, die entsprechende Drehungscurve für A, in Bezug auf ein Drehungscentrum b welches in unendlicher Entfernung auf den Centralen liegt.**

Beweis. Man nehme an, der Kreis A sei durch Drehung um A in die Lage $a\alpha_1\, a\gamma_1$ gekommen. In α_1 errichte man den Durchmesser $\alpha_1 c_1 \gamma_1$ so wird der Winkel $\alpha_1\, a\, \gamma_1$ ein rechter mithin $a\, \gamma_1$ ⫩ mit der Tangente in α sein. Aus γ_1 beschreibe man jetzt mit $\gamma_1\, \beta = a\, \alpha$ einen Kreis, so wird dieser jene Tangente in β, den Kreis A in α_1 berühren, und zugleich wird der Bogen $\alpha_1 \beta$ = dem Bogen $\alpha_1 a$ sein; der Centri-Winkel $\alpha_1 c_1 a$ des Bogens $\alpha_1 a$ ist nämlich noch einmal so gross, als der Centri-Winkel des Bogens $\alpha_1 \beta$, oder als der Winkel $\alpha_1 \gamma_1 \beta$, dahingegen der Radius des Kreises *B* noch einmal so gross als der von *A* ist, woraus der Satz hervorgeht. Indem also der Kreis *B* eine fortschreitende Bewegung in der Richtung der Tangente macht, oder sich um einen unendlich entfernten Punkt auf den Centralen dreht, und den Kreis *A* so um den Punkt *a* dreht, dass er stets *A* auf der Centralen berührt, gehen von den Kreisen *A* und *B* gleiche Bogen durch die Centrale, woraus folgt, dass *A* und *B* entsprechende Drehungscurven sind.

Rollt der Kreis *A* auf dem Kreise *B*, so beschreibt der Punkt *a* nach §. 4. um den unendlich entfernten Drehungspunkt *b* einen Kreis, der in eine gerade Linie $a\gamma_1$ übergeht, weil er eben einem unendlich grossen Radius zugehört. Von diesem bekannten Satze hat man schon verschiedene nützliche Anwendungen in der Technik gemacht.

Rollt der Kreis *B* auf dem Kreise *A*, so geräth der Durchmesser *ef* des Kreises *B* hierdurch in unendlich viele verschiedene Lagen, alle diese Lagen werden aber den Punkt *a* gemeinschaftlich haben; in der That kann man jede relativ verschiedene Lage die durch Rollen von *B* auf *A* hervorgebracht werden kann, auch durch Rollen von *A* auf *B* hervorbringen, da aber bei dieser letztern Operation *a* stets mit einem Punkte der Linie *ef* zusammen fällt, so muss auch bei der erstern Operation stets ein Punkt der Linie ef mit a zusammenfallen.

§. 8.

Ist k gegeben so kann man die Curve B folgendermaassen annähernd als eine aus Kreisbogen, die sich berühren zusammengesetzte Linie (als Korblinie) construiren: Man theile den Halbkreis von A, von dem Punkte welchen $\rho = r + n$ bis zu dem Punkte welcher $\rho = r - n$ bestimmt in eine gewisse Anzahl i Theile, die zu diesen Theilen gehörigen Centri-Winkel mögen $\psi_1, \psi_2 \ldots . \psi_i$ heissen, und construire zu jedem der Theilpunkte den entsprechenden Krümmungsradius von B, die nach der Reihe $r_1, r_2, \ldots r_i$ heissen mögen und bestimmen die Winkel $l_1, l_2, \ldots l_i$ so dass $r\psi_1 = r_1 l_1$, $r\psi_2 = r_2 l_2$, u. s. w. werde. Nun beschreibe man mit r_1 einen Bogen dessen Centri-Winkel l_1 ist, und trage von dem Endpunkte dieses Bogens in der Richtung des Halbmessers r_1 eine Linie $= r_2$ ab, und beschreibe mit dieser Linie von dem Endpunkte aus der nicht als Schnittpunkt mit dem ersten Bogen bestimmt wird, einen Bogen dessen Centri-Winkel l_2 ist, nach derselben Richtung wie den ersten Bogen, und fahre mit dieser Operation fort, bis man sämmtliche Krümmungsradien $r_1, r_2, \ldots r_i$ gebraucht hat, beobachtete aber dabei dass die Linien r_1, r_2 u. s. w. auf derselben Seite der zu construirenden Curve liegen müssen wenn sie gleiches Vorzeichen haben, und auf entgegengesetzten Seiten bei entgegengesetzten Vorzeichen, so wird die hierdurch construirte Curve dem Theile von B sich annähern, welcher dem Halbkreise von $\rho = r + n$ bis $\rho = r - n$, entspricht; denn in i Punkten die nach ihrer Entfernung auf der Curve selbst bestimmt werden, stimmt die angenäherte Curve mit der Curve B in Bezug auf die Krümmung überein, und würde ihr gänzlich congruent werden, wenn i unendlich würde, und die Theilpunkte auf A alle unendlich nahe lägen.

Der Theil der Curve B welcher der folgenden Hälfte von A entspricht, wird mit dem ersten Theile von B congruent sein, und gegen den Radius vector $\rho_1 = k - (r - n)$ eine symmetrische Lage haben; in der That muss dieser zweite Theil der Curve B durch die zweite Hälfte von A eben so bestimmt werden, wie der erste Theil der Curve B vom ersten Theile von A, da aber der erste und zweite Theil von A gegen $\rho = r - n$ symmetrische Lage haben, so muss auch der erste und zweite Theil von B gegen $\rho_1 = k - (r - n)$ symmetrische Lage haben; auf gleiche Weise wird der dritte Theil der Curve B mit dem zweiten kongruent sein, und gegen den Radius vector der durch den Grenzpunkt dieser beiden Theile geht, gleiche Lage haben, u. s. w.; es wird demnach leicht sein, die folgenden Theile der Curve B zu construiren, sobald man den ersten Theil derselben gezeichnet hat. Da die Anwendung auf die praktische Mechanik noch die Bedingung hinzufügt, dass die Curve B eine geschlossene Linie von einem Umlauf sei, so soll hier noch kurz angedeutet werden, wie demnach der Drehpunkt b oder die Länge von k wenn a gegeben ist, zu bestimmen sei. Zunächst ist klar dass für diesen Fall ein Umlauf der

Curve B entweder einem Umlaufe der Curve A, oder zwei Umläufen oder überhaupt einer ganzen Zahl von p Umläufen dieser Curve entsprechen müsse, denn die Werthe von ρ_1 wiederholen sich in gleichen Folgen nur nach Umdrehungen um vier rechte Winkel von A. Ferner folgt dass wenn die Curve B eine Umdrehung machen soll indem die Curve A, n macht, der Winkel den die beiden Radien vectoren $\rho_1 = k - (r+n)$ und $\rho_1 = k - (r-n)$ welche den ersten Theil der Curve B begrenzen, bilden, $2p$ mal in vier rechten Winkeln enthalten sein müsse; denn dieser Winkel kann für die $2p$ congruenten Theile aus denen der ganze Umlauf von B besteht, $2p$ mal um das Drehungscentrum b von B getragen werden. Auch folgt umgekehrt dass wenn die Curve A eine ganze Anzahl von Umdrehungen macht, indem B eine macht, B eine in sich zurückkehrende Curve von einem Umlauf sein werde. Demnach ist es nun leicht jene Bedingung analytisch auszudrücken.

§. 9.

Aus §. 2. ergab sich $e\alpha_1 = f\beta_1$ (Fig. 1.), nennt man $a\alpha_1$, ρ und $b\beta_1$, ρ_1 ferner den Winkel $\alpha_1 a \alpha, d\psi$ und $\beta_1 b \beta, d\psi_1$ so geht die Gleichung $e\alpha_1 = f\beta_1$ in $\rho\, d\psi = \rho_1\, d\psi_1$ oder $d\psi_1 = \frac{\rho}{\rho_1}\, d\psi = \frac{\rho\, d\psi}{k-\rho}$ über. Soll nun der Winkel den $\rho_1 = k - (r+n)$ und $\rho_1 = k - (r-n)$ mit einander bilden $2p$ mal in vier rechten enthalten sein, so erhält man

$$\int_{\rho = r-n}^{\rho = r+n} \frac{\rho\, d\psi}{k-\rho} = \frac{\pi}{p}$$ wobei ψ als Function von ρ gedacht

werden muss, oder $\int_0^\pi \frac{\varrho\, d\psi}{k - \varrho} = \frac{\pi}{p}$ wenn man ϱ als Funktion von ψ denkt. Da $\frac{\varrho}{k - \varrho} = \frac{\varrho - k + k}{k - \varrho} =$ $-1 + \frac{k}{k - \varrho}$ und $\int_0^\pi - d\psi = -\pi$, so kann man jene Gleichung auch so schreiben $\int_0^\pi \frac{k\, d\psi}{k - \varrho} = \pi\left(\frac{p+1}{p}\right)$

In vorliegendem Falle ist $\varrho = n \cos\psi + \sqrt{1 - n^2 \sin^2\psi}$ wenn man $r = 1$ setzt. Ist n gegeben, so kann man k aus jener Gleichung bestimmen. Da indessen die hierher gehörige Untersuchung zu weit über die hier gesteckten Grenzen führen würde, so bemerke ich nur dass es möglich ist k als Funktion von n^2 darzustellen, und nach ganzen Potenzen dieser Grösse zu entwickeln, welches besonders angemessen scheint wenn n^2 einen geringen Werth hat. Die beiden ersten Glieder der Entwickelung von von k werden $(p + 1) + \frac{p \,.\, p - 2}{4 \,.\, 2\,p + 1} \,.\, n^2$

§. 10.

Da die Untersuchung auf welche §. 9. führte, wegen ihrer Schwierigkeit hier unausgeführt blieb, so mögen zum bessern Verständniss der darin in Anregung gebrachten Aufgaben, und zur leichten praktischen Ausübung folgende Fragen beantwortet werden.

1) Welche Curve entspricht als Drehungscurve einer logarithmischen Spirale, die sich um ihren Anfangspunkt dreht?

2) Wenn ein Stück einer logarithmischen Spirale von einem halben Umlauf symmetrisch auf die andere Seite der dasselbe begrenzenden graden Linie getragen, und hierdurch zu einer geschlossenen Curve von einem Umlauf ergänzt wird, wie ist dann der Drehpunkt der entsprechenden Drehungscurve zu construiren, damit diese p Umdrehungen mache, indem jene eine macht?

Die logarithmische Spirale ist bekanntlich eine solche krumme Linie, welche alle Radien vectoren, die aus dem Anfangspunkt gezogen werden, unter demselben Winkel schneidet; ist der Anfangspunkt, ein Punkt der Curve, und der constante Winkel gegeben, so ist dieselbe ihrer Lage nach bestimmt. Hieraus folgt dass die entsprechende Drehungscurve einer logarithmischen Spirale, die sich um ihren Anfangspunkt dreht, wieder eine logarithmische Spirale sei; denn nimmt man den Drehpunkt der gesuchten Drehungscurve irgendwo an, und einen Schnittpunkt der Centralen mit der Spirale als einen der gesuchten Drehungscurve zugehörigen Punkt, und denkt die Spirale welche dem angenommenen Drehungspunkt als Anfangspunkt zugehört, durch den bezeichneten Schnittpunkt geht, und welche die Radien vectoren stets unter demselben Winkel schneidet, wie die Centrale die erste Spirale, so muss diese Linie eine der gesuchten Drehungscurven sein, weil nämlich die Radien vectoren der gesuchten Curve diese Curve stets unter demselben Winkel schneiden wie die entsprechenden der ersten Curve eben jene, also auch unter demselben konstanten Winkel.

Um die zweite Frage zu beantworten, bemerke man zunächst dass $\frac{d\rho}{\rho\, d\psi}$ die Cotangente des Winkels bedeutet, den der Radius vector mit der Curve bildet, wo ρ den Radius vector, und $d\psi$ den Winkel bedeutet den ρ mit einem nächsten Radius vector $\rho + d\rho$ bildet. Soll dieser Winkel konstant sein, so muss es auch die Cotangente sein, bezeichnet man dieselbe mit c so erhält man

$$\frac{d\rho}{\rho\, d\psi} = c \text{ oder } \frac{d\rho}{\rho} = c\, d\psi$$

woraus durch Integration $lg\, \rho = c\psi + k_1$ oder $\rho = e^{c\psi} . e^{k_1}$ folgt, wo e^{k_1} eine Constante bedeutet über deren Werth man noch verfügen kann.

Aus dieser Gleichung der logarithmischen Spiralen schliesst man nun, dass die Radien vectoren dieser Curve, in geometrischer Progression wachsen, wenn die Winkel welche dieselben mit einem festen Radius vector bilden in arithmetischer Progression wachsen. (Fig. 7.) stelle nun zwei halbe Umläufe einer logarithmischen Spirale dar, die zu einer geschlossenen symmetrischen Curve vereinigt sind, die Winkel ψ sollen von der Linie q an, gezählt werden, υ sei die Verlängerung der Linie q vom Anfangspunkt bis zum nächsten Schnittpunkt mit den Spiralen, so hat man $lg\,q = k_1$ und $lg\,\upsilon = c\,\pi + k_1$ und folglich

$\frac{1}{\pi}\,lg\,\frac{\upsilon}{q} = c$, man erhält demnach $\varrho = \left(\frac{\upsilon}{q}\right)^{\frac{\psi}{\pi}} \cdot q$.

Zur Bestimmung der Entfernung k des gesuchten Drehungspunktes gilt die Gleichung des §. 9. nämlich

$\int_q^\upsilon \frac{k\,d\psi}{k-\varrho} = \pi \cdot \frac{p+1}{p}$, setzt man für $d\psi$ seinen Werth

$\frac{1}{c} \cdot \frac{d\varrho}{\varrho}$, so enthält man $\int_q^\upsilon \frac{k\,d\varrho}{c\,\varrho\,(k-\varrho)} = \frac{k}{c}$

$\int_q^\upsilon \frac{1}{k}\left\{\frac{1}{\varrho} + \frac{1}{k-\varrho}\right\} d\varrho = \frac{1}{c}\left\{lg\,\upsilon - lg\,(k-\varrho)\right.$

$\left. - lg\,q = lg\,(k-q)\right\} = \frac{1}{c}\,lg\,\frac{\upsilon}{q} \cdot \frac{k-q}{k-\upsilon} = \pi \cdot \frac{p+1}{p}$.

Multiplicirt man die letzte Gleichung mit c, und setzt für diese Grösse $\frac{1}{\pi}\,lg\,\frac{\upsilon}{q}$ so erhält man $lg\,\frac{\upsilon}{q}$.

$\frac{k-q}{k-\upsilon} = \frac{p+1}{p}\,lg\,\frac{\upsilon}{q}$; aus dieser Gleichung erhält man, indem man die zu den gleichen Logarithmen gehörigen Zahlen ebenfalls gleich setzt, $\frac{\upsilon}{q} \cdot \frac{k-q}{k-\upsilon}$

$= \left(\frac{\upsilon}{q}\right)^{\frac{p+1}{p}}$ oder $\frac{k-q}{k-\upsilon} = \left(\frac{\upsilon}{q}\right)^{\frac{1}{p}}$ und daher schliess-

lich $k = \frac{\upsilon\left(\frac{\upsilon}{q}\right)^{\frac{1}{p}} - q}{\left(\frac{\upsilon}{q}\right)^{\frac{1}{p}} - q} = \frac{\left(\sqrt[p]{\upsilon}\right)^{p+1} - \left(\sqrt[p]{q}\right)^{p+1}}{\sqrt[p]{\upsilon} - \sqrt[p]{q}}$

Setzt man z. B. $\upsilon = 4$, $q = 1$ so erhält man wenn man $p = 2$ setzt, $k = 7$. Die entsprechende Drehungscurve für diesen Fall ist ebenfalls bei (Fig. 7.) gezeichnet.

Was wird aus der angegebenen Formel wenn $p = 1$ wird, und was wird dann die gesuchte Drehungscurve? Was wird aus der angegebenen Formel wenn $\upsilon = q = 1$ wird, und wie führt man diesen Fall auf einen bekannten Satz zurück?

Zweites Capitel.

Von den Zahncurven.

§. 1.

Stellt man sich zwei Drehungscurven ***A*** und ***B*** in entsprechender Lage vor, und denkt sich mit ***A*** eine Curve ***f*** und mit ***B*** eine Curve ***g*** fest verbunden, so sollen diese Curven ***f*** und ***g*** entsprechende Zahncurven von ***A*** und ***B*** heissen, wenn sie so beschaffen sind: dass sie sich in jeder entsprechenden Stellung von ***A*** und ***B*** berühren.

In Folgendem soll nun untersucht werden ob zu jeder beliebigen Zahncurve ***f***, eine entsprechende Zahncurve ***g*** existire, und wie diese zu construiren sei.

§. 2.

Denkt man sich die Curve ***B*** fest, und die Curve ***A*** rolle auf ***B***, so dass die beiden Curven ***A*** und ***B*** sich stets in entsprechenden Punkten berühren, so muss, vorausgesetzt die Zahncurven ***f*** und ***g*** existiren, die Curve ***f*** stets die Curve ***g*** berühren, denn wie die Curven ***A*** und ***B*** auch in irgend eine entsprechende

Lage gebracht (d. h. in solche Berührung mit zwei entsprechenden Punkteu wie sie beim Drehen auf den Centralen erfolgt) gedacht werden mögen, die gegenseitige Lage der mit ***A*** verbundenen Punkte oder Linien, muss zu den mit ***B*** verbundenen Punkten oder Linien nach erfolgter Berührung, dieselbe sein, weil diese Berührung in den entsprechenden Punkten nur auf eine Weise Statt finden kann.

Durch diese Betrachtung ist die Curve g schon vollkommen bestimmt, und ihre Möglichkeit nachgewiesen. Um indessen für die hier auftretende Untersuchung durch einige allgemeine Betrachtungen vorzubereiten, mag Folgendes dienen.

§. 3.

Wenn eine kontinuirlich krumme (oder gerade) Linie nach einem kontinuirlichen Gesetze in einer Ebene bewegt wird, so wird sie nach und nach eine unendliche Menge von verschiedenen Stellungen annehmen. Im Allgemeinen werden je zwei nächste Lagen dieser Linie einen oder mehrere Schnittpunkte bestimmen, und alle diese auf einander folgenden Schnittpunkte eine krumme Linie, die von der bewegten Linie stets in den Punkten berührt wird, in welchen die bewegte Linie sich mit ihrer nächsten Lage schneidet. Damit man sich hiervon überzeuge fasse man die bewegte Linie L in irgend einer bestimmten Lage L_1 (Fig. 8.) auf, und denke sie sich in der eben vorhergehenden Lage in L_0 und in der folgenden Lage L_2, und bezeichne die Schnittpunkte von L_0 und L_1 mit l_1, von L_1 und L_2 mit l_2, diese

Punkte l_1 und l_2 sind nun zwei Punkte der erzeugten krummen Linie, und auch der Linie L_1; so fern nun diese beiden auf einander folgenden Schnittpunkte einander unendlich nahe liegen, welche Voraussetzung die Annahme von der Bewegung der Linie L nach einem kontinuirlichen Gesetze in sich schliesst, ist die durch l_1 und l_2 gezogene gerade Linie zu gleicher Zeit Tangente der Linie L und der erzeugten krummen Linie mit der Linie A sich in dem unendlich kleinen Element l_1 l_2 berühren. Die erzeugte Linie soll fortan die von der Linie L erzeugte Umhüllungslinie heissen.

Ein sehr einfaches Beispiel für die vorhergehenden Betrachtungen, erhält man wenn man sich vorstellt, dass eine Linie von konstanter Länge sich in einem Kreise als Sehne bewege; die Umhüllungscurve ist alsdann ein dem ersten concentrischer Kreis, dessen Radius gleich dem Abstande der Sehne vom Mitselpunkt ist. Je zwei nächste Sehnen schneiden sich in ihrem Halbirungspunkte, und die Umhüllungscurve umgrenzt den Raum, der nach und nach von der bewegten Sehne eingenommen wird.

§. 4.

Kehren wir jetzt zur Untersuchung der Zahncurve g zurück, so ergiebt sich aus §. 2. und §. 3. dass dieselbe die Umhüllungscurve ist, welche von der Zahncurve f beim Rollen von A auf B erzeugt wird.

§. 5.

Aufgabe. Die Curven A und B berühren sich in zwei entsprechenden Punkten, man soll den Punkt der noch unbekannten Zahncurve g finden, in welchem sie von der gegebenen Zahncurve f in dieser Lage berührt wird, vorausgesetzt f sei eine gerade Linie.

Man denke sich die Curve A fange eben an zu rollen, so ist der Schnittpunkt den f in seiner jetzigen und nächsten Lage erzeugt, der gesuchte Punkt. Um diesen Punkt zu finden denke man sich die Curven A und B als Polygone von unendlich vielen unendlich kleinen, unter sich gleichen Sehnen; so besteht das Rollen von A auf B darin, dass sich jene auf dieser nach und nach um die entsprechenden Eckpunkte, und zwar jedesmal um die Summe oder Differenz der entsprechenden Contingenzwinkel (das sind die unendlich kleinen Winkel, welche zwei an einander stossende unendlich kleine Polygenseiten mit einander bilden) drehen; um die Summe nämlich wenn beide Curven im Berührungspunkt nach entgegengesetzten Seiten gekrümmt sind, und um die Differenz wenn beide Curven nach derselben Seite gekrümmt sind. Sieht man die Aufgabe auf diese Weise an, so reducirt sie sich auf folgende sehr einfache: eine Ebene dreht sich um eine auf derselben senkrechte Axe, der Drehpunkt (Durchschnitt der Axe mit der Ebene) sei C, (Fig. 9.) in der Ebene befindet sich eine gerade Linie A_1, man soll den Schnittpunkt bestimmen den diese Linie in zwei nächsten Lagen bilden wird. Dieser Punkt ist offenbar der Fusspunkt d eines Lothes Cd welches von C auf A_1 gefällt wird, und die Umhüllungscurve, welche A_1 bei fortgesetzter Drehung um C beschreibt ein Kreis, welcher Cd zum Radius hat. In der That, denkt man sich diesen Kreis beschrieben, so wird A_1 in jeder Stellung, die ihm durch Drehen um C gegeben werden kann, denselben berühren, und der Schnittpunkt zweier nächsten Lagen wird mit dem Berührungspunkte zusammen fallen, demnach auf die angegebene Weise erhalten.

Die Lösung der gestellten Aufgabe besteht also darin, dass man von dem Berührungspunkt von A und B ein Loth auf f fällt, so ist der Fusspunkt dieses Lothes der gesuchte Punkt.

§. 6.

Für die folgende Untersuchung wird es nothwendig darzuthun, wie die Ortsveränderung der Linie A_1 (Fig. 3.) indem sich die Ebene um den Punkt C um einen unendlich kleinen Winkel $d\varphi$ dreht, in eine rein drehende und eine rein fortschreitende Bewegung zerfällt werden könne. Man kann nämlich diese Ortsveränderung auch hervorbringen, indem man die Linie A_1 um den Punkt d, um den Winkel $d\varphi$ dreht, so dass sie in A_{11} übergeht, und dann in ihrer eigenen Richtung um ein Stück $dd_1 = Cd \,.\, d\varphi$ fortbewegt. Um sich hiervon auf eine anschauliche Weise zu überzeugen, ziehe man mit dem Radius Cd, den unendlich kleinen Kreisbogen Cm, dessen Centriwinkel gleich $d\varphi$ ist, errichte auf Cm in m ein Loth, so giebt dies die Lage an, in welche A_1 nach erfolgter unendlich kleiner Drehung um C übergegangen ist. Offenbar wird diese Linie nun mit A_{11} parallel sein, der Punkt d_1 wird von dem Punkte m, um $m d_1 = C d \{ 1 - \text{Cos. } d \varphi \}$ entfernt sein; diese Grösse $C d \{ 1 - \text{Cos. } d \varphi \}$ ist aber eine unendlich kleine Grösse von der zweiten Ordnung, da sie kleiner als $\frac{1}{2}$ $C d \,.\, d \varphi^2$ ist; werden also nur unendlich kleine Grössen von der ersten Ordnung von $d \varphi$ in Betracht gezogen, so verschwindet diese Entfernung und die Linie A_{11} fällt mit dem durch m gezogenen Lothe auf $C m$ zusammen, wodurch der ausgesprochene Satz vollkommen erwiesen ist. Um über die Behandlung des unendlich Kleinen zweiter Ordnung keine Dunkelheit zu lassen, werde bemerkt dass wenn man $d \varphi = \frac{\varphi}{i}$ setzt, und φ einen endlichen Winkel, i aber eine unendlich grosse Zahl bedeutet, so wird, nachdem man p mal mit A_1 die Operation des Drehens und Fortschiebens gemacht hat, die Annäherung von d an C weniger als $p \frac{\varphi^2}{i^2} C d$ betragen, setzt man nun $p = k i$, und k als endliche Grösse, so wird diese Annäherung weniger als $\frac{k}{i} \varphi^2 \,.\, C d$, also unendlich wenig von $C d$ betragen, darf und muss also gleich o gesetzt werden, in so ferne nur Drehungen um C in Betracht gezogen werden, deren Winkelmaass $k \varphi$ endlich ist.

Fasst man jetzt ein festes System mehrerer Linien in der Ebene auf, und nimmt an, die Ebene drehe sich und C um einen unendlich kleinen Winkel $d\varphi$, so kann man dem ganzen System auch die Lage welche es durch die Drehung erhalten würde, mittheilen, indem man auf irgend eine jener Linien des festen Systems z. B. auf A_1 ein Loth von C fällt, die Linie und mit ihr das ganze System um den Fusspunkt dieses Lothes um den Winkel $d\varphi$ dreht, und dann die Linie wie das ganze System in der Richtung der Linie A_{11}, welche die durch Drehung veränderte Lage von A_1 angiebt, um jenes Loth mal $d\varphi$ fortbewegt. Denkt man sich nun dieses System von Linien seien die sämmtlichen Tangenten irgend einer Curve, und man wollte die Drehung um den festen Punkt C durch eine Drehung um einen Punkt der Curve, und eine fortschreitende Bewegung in der Richtung der Tangente ersetzen, so muss die Tangente an diesem Punkte nothwendig normal uuf der Verbindungslinie des Drehungspunktes C und jenes Curvenpunktes stehen. Ist es möglich von dem Drehungspunkte C mehrere Normalen auf die Curve za fällen, so kann man jeden der entstehenden Fusspunkte zu einem neuen Mittelpunkt der Drehung machen, und die fortschreitende Bewegung in der Richtung der Tangente vornehmen; da man die fortschreitende Bewegung so klein annehmen kann wie man will, indem man den Winkel $d\varphi$ so klein wie immer nur beliebt annehmen kann, so folgt hieraus mit aller Strenge, dass wenn die Curve eine unendlich kleine Drehung um den Punkt C macht, so werden die Schnittpunkte die sich aus der ersten und zweiten Lage der Curve ergeben, die Fusspunkte der Normalen sein, die man von dem Punkte ***C*** auf die Curve fällen kann.

§. 7.

Aufgabe. Es sind die beiden Drehungscurven ***A*** und ***B*** gegeben, zu ***A*** gehörig die Zahncurve *f*, man sucht die entsprechende Zahncurve *g* für ***B***.

Auflösung. Man rolle ***A*** auf ***B***, ziehe aus den auf einander folgenden Berührungspunkten beider Curven Lothe auf *f*, verbinde die auf einander folgenden Fusspunkte dieser Lothe, und die erhaltene Linie ist die gesuchte Zahncurve *g*.

Da das Rollen sich praktisch nicht gut ausführen lässt, so kann man diese Regel so fassen:

Man theile den Zahn *f* (Fig. 10.) durch eine Anzahl nahe genug an einander liegenden Theilpunkte, errichte in allen Theilpunkten Normalen n_1, n_2, n_3, n_4, und bemerke die Schnittpunkte x_1, x_2, x_3, x_4 dieser Normalen mit ***A***. Nennt man den Schnittpunkt des Zahnes *f*, mit ***A***, α und den Punkt in ***B***, welcher α entspricht, β, so bestimme man die den Punkten x_1, x_2, x_3, x_4 u. s. w. entsprechenden Punkte auf ***B***, und nenne sie ξ_1, ξ_2, ξ_3, ξ_4 u. s. w. (liegen die Punkte x sehr nahe an einander, so kann man die Punkte ξ mit hinreichender Genauigkeit bestimmen, indem man die Sehnen $\alpha x_1 = \beta \xi_1$, $x_1 x_2 = \beta \xi_2$ u. s. w. macht) trage nun die Normalen n_1 n_2 n_3 n_4, an ξ_1, ξ_2, ξ_3, ξ_4 unter demselben Winkel gegen die Tangenten an diesen Punkten an, unter welchen die Normalen n_1, n_2, n_3, n_4 die Tangenten an x_1, x_2, x_3,

x_4 schneiden, verbinde darauf die Endpunkte dieser Normalen durch eine Linie g, so ist diese die gesuchte Zahncurve f. — Die Richtigkeit des Verfahrens leuchtet aus dem Vorhergehenden ein.

§. 7.

Fassen wir jetzt einige einzelne Fälle näher ins Auge. • Erstes Beispiel. Es sei die Curve A ein Kreis, f eine gerade Linie, die durch den Mittelpunkt von A geht und B ebenfalls eine gerade Linie, (Fig. 14.); die erste Lage von f mag zur grösseren Bequemlichkeit so angenommen werden, dass sie durch den Berührungspuukt p geht. Nimmt man nun an, der Kreis habe den Bogen $pq = pq_1$ durchrollt, und sei in die Lage von A_1 gekommen, so wird man in A_1 die Linie f wiederfinden, wenn man den Bogen $q_1 p_1 = pq$ macht, und durch den Mittelpunkt von A_1 und durch p_1 eine gerade Linie f_1 zieht; fällt man nun von q_1 ein Loth $q_1 u_1$ auf f_1 so wird der Fusspunkt u_1 ein Puukt von der Zahncurve g sein. Um diese Senkrechte zu fällen, beschreibe man über $q_1 C_1$ (wo C_1 der Mittelpunkt von A_1 ist) einen Halbkreis, so fällt u_1 in den Schnittpunkt dieses Halbkreises mit f_1; der Bogen $q_1 u_1$ des Kreises $q_1 u_1 C_1$ gehört zu dem Peripherie-Winkel $q_1 C_1 p_1$, der Bogen $q_1 p_1$ des Kreises A_1 zu dem Centriwinkel $q_1 C_1 p_1$, und hieraus folgt, mit Rüchsicht dass der Radius des Kreises A_1 noch einmal so gross als der Radius des Kreises $q_1 u_1 C_1$ ist, dass der Bogen $q_1 u_1$ = dem Bogen $q_1 p_1$ ist. Nimmt man demnach an, der Kreis $q_1 u_1 C_1$ rolle nach der Richtung von p, so wird der Punkt u_1 nachdem der Bogen q_1 u_1 abgerollt ist, auf p fallen; in jeder Lage aber wird der Punkt u mit einem Punkt von der Zahncurve g zusammen fallen, daher man diese auch so beschreiben kann, dass man den Kreis q_1 u_1 C_1 auf B rollt, und die Linie aufzeichnet, welche u_1 beim Rollen beschreibt, und die bekanntlich eine Cyoloide heisst.

Wäre die Curve B statt gerade, irgend eine continuirliche gekrümmte Linie, so würde die Zahncurve g ebenfalls die Linie sein, welche der Punkt u_1 des Kreises q_1 u_1 C_1 dessen Radius halb so gross wie der Radius von A ist, beim Rollen vom Kreise q_1 u_1 l_1 auf B beschreibt. Der Beweis erlitte gar keine Veränderung, da die Bedingung, dass B gerade sei, gar nicht in den vorhergehenden Beweis aufgenommen ist.

Man nehme jetzt an, die Zahncurve f gehe nicht durch den Mittelpunkt des Kreises A sondern sei um die Linie D vom Mittelpunkte entfernt. Damit jedoch die entsprechende Zahncurve mit der früheren verglichen werden könne, mag für die eben untersuchte die angenommene Bezeichnung beibehalten werden, und die Linie f_2 mit f und in dem Abstande D von f angenommen werden; die der f_1 entsprechende Zahncurye heisse g_1. Aus dem allgemeinen Gesetze des §. 6. folgt zunächst dass g_2 $\mp$ mit g und von g stets um eie Länge D entfernt sein müsse. Um dies zu übersehen denke man die Curyen A und B in zwei entsprechenden Punkten in Berührung, fälle hierauf eine Senkrechte auf f, so steht diese auch senkrecht auf f_2, der zu g gehörige Punkt ist aber der Schnittpunkt dieser Senkrechten mit f, und der zu g_2 gehörige Punkt der Schnittpunkt der Senkrechten mit f_2, beide sind also um die Linie D von einander entfernt, und beide liegen auch auf einer gemeinschaftlichen Normale der Curven g und g_2, nämlich eben auf jenem Lothe; welches Normale an den Curven ist, weil f und f_2 Tangenten der Curven sind. Hierdurch ist der ausgesprochene Satz vollständig bewiesen. Es ist jedoch noch nöthig, für die Construction der Curve g_2 zu unterscheiden, ob der Berührungspunkt auf eine oder die andere Seite von f_2 falle, beiden Seiten entsprechen entgegengesetzte Seiten der Cycloide, in Bezug auf die zu beschreibende Parallelcurve g_2. Für den vorliegenden Fall insbesondere liegt zunächst die Parallelcurve g_2 auf der convexen Seite derselben. Da diese Bedingungen für jede halbe Umwälzung der Curve A sich ändern, so wird die Zahncurve g_2 die in Fig. 14 angegebene Gestalt annehmen.

Aus dieser Erörterung mag noch einmal der Satz, welcher, wie man leicht sieht, völlig allgemein Gültigkeit hat, hervorgehoben werden: Sind f und g zwei entsprechende Zahncurven von den Drehungscurven A und B, ist ferner f_1 eine andere Zahncurve für A, welche mit f in einem Abstande von D parallel ist, so wird auch die dieser entsprechende Zahucurve von B, nämlich g_1 der Curve g in einem Abstande von D parallel sein.

Zweites Beispiel. Die beiden Drehungscurven seien die beiden Kreise des §. 7. im ersten Capitel Fig. 5; von denen der Radius des grösseren B noch einmal so gross als der Radius des kleinern A

ist. Nimmt man nun an, die Linie $a\alpha$ wäre eine Zahncurve von B, so ist die entsprechende Zahncurve von A der Punkt α des Kreises A, denn indem B und A rollt, geht die Zahncurve $a\alpha$ stets durch den Punkt $a\alpha$, die von $a\alpha$ erzeugte Umhüllungslinie ist mithin der Punkt α. Nimmt man nun statt $a\alpha$ für B eine andere Zahncurve an, die mit $a\alpha$ in einer Entfernung von D parallel ist, so wird die dieser entsprechende Zahncurve von A_1 eine Linie sein, die mit dem Punkte a in einer Entfernung von D parallel ist, mithin ein Kreis sein, dessen Radius gleich D und dessen Mittelpunkt α ist.

Geht man umgekehrt davon aus, dass $a\alpha$ eine Zahncurve von A sei, so muss man A auf B rollen und die Umhüllungslinie von $a\alpha_1$ bestimmen, um die entsprechende Zahncurve für B zu erhalten. Diese Curve erhält man auch nach dem Vorhergehenden, in der Linie, welche der Punkt α; des Kreises $c\alpha$ (Fig. 11.) bei der Wälzung des Kreises $c\alpha$ auf B, beschreibt. Diese Zahncurve αf ist also eine Hypocycloide die von einem Punkte des Kreises beschrieben wird, dessen Halbmesser die Hälfte von dem Halbmesser von A ist. — Bei der Wälzung der Curve A und B beschreibt der Punkt a, nach §. 7. des ersten Capitels, die gerade Linie af, der Punkt α die grade Linie αa, da α und a stets in der Entfernung von $a\alpha$ von einander bleiben, so kann man die Zahnlinie αf auch so definiren: αf ist die Umhüllungslinie, welche von einer konstanten Linie $a\alpha$ erzeugt wird, deren beide Endpunkte a und α sich in den Schenkeln $a\alpha_1$ und af eines rechten Winkels bewegen. Jeder konstante

Punkt x dieser Linie beschreibt bekanntlich eine Ellipse $x x_1 x_{11}$ deren halbe Axen $a x$ und αx sind, hieraus schliesst man, dass, wenn die Zahncurve von A ein Punkt x (den man als unendlich kleinen Kreis ansehen kann) ist, so ist die entsprechende Zahncurve von B eine Ellipse, deren Mittelpunkt in a liegt, und deren halbe Axen $a x$ und αx sind. — Die in diesem Absatze enthaltenen geometrischen Sätze, die sich leicht vermehren liessen, sind in mehreren, mir schon vor längerer Zeit als einem Jahre von dem Herrn Prof. Steiner ohne Beweis mitgetheilten, sehr schönen geometrischen Sätzen enthalten. Da sie auf den hier behandelten Gegenstand weiter keinen direkten Einfluss üben, so habe ich nur das Nöthigste benutzt, um von der Erlaubniss, welche dieser berühmte Gelehrte mir für diesen Zweck die Güte hatte zu ertheilen, nicht voreiligen Gebrauch zu machen.

§. 8.

Bestimmung der Krümmungshalbmesser der Curve g wenn die Curven A, B und f als gegeben vorausgesetzt werden.

Um den Gegenstand wo möglich zu vereinfachen wollen wir hier zunächst annehmen, die Curven A und B hätten im Berührungspunkte α entgegengesetzte Krümmung und hierbei zwei Fälle unterscheiden, nämlich 1) wenn der Fusspunkt, den man von α auf f fällt, nach der Seite von A in Bezug auf die Tangente bei α, und 2) nach der Seite von B fällt. Auf den ersten Fall, der hier vollständig durchgeführt werden soll, bezieht sich (Fig. 12.), auf den anderen (Fig. 13.).

Zur Vereinfachung, und weil es auf die Allgemeinheit der Resultate keinen Einfluss übt, setze man voraus, f sei ein Kreis, dessen Radius ϱ ist; die zur Curve g gehörigen Punkte findet man nun wenn man von dem Berührungspunkt α eine Linie durch den Mittelpunkt c von f legt, in den Schnittpunkten σ und σ_1 dieser Linie mit f; denn diese Punkte sind offenbar die Fusspunkte der Lothe die man von α auf f fällen kann. Bei s kehrt der Kreis f dem Punkte α die convexe Seite, bei s_1 die concave Seite zu. Die Linie αs bezeichne man mit h, die Linie αs_1 mit h_1, den Contingenzwinkel der Curve A bei α mit $d\varphi$, und den entsprechenden von B mit $d\psi$. Indem nun A sich um α um die Winkel $d\varphi + d\psi$ dreht, beschreibt s oder s_1 hierbei den Weg $h\ (d\varphi + d\psi)$ oder $h_1\ (d\varphi + d\psi)$. Nachdem die Drehung vollendet, muss man für die nächsten entsprechenden Eckpunkte von A und B, deren gemeinschaftliche Lage mit α_1 bezeichnet werde, die zugehörigen Punkte von g bestimmen; diese erhält man nun wieder indem man von α_1 einen Durchmesser nach f_1 (der zweiten Lage von f) zieht, in den Durchschnitten σ und σ_1 dieser Linie mit f. Die zu s und s_1 gehörigen Krümmungshalbmesser für g sind $s\sigma$ oder $s_1\sigma_1$ dividirt durch den Winkel, den die Normalen für g, an diesen Punkten nämlich αs und $\alpha_1 \sigma$ mit einander bilden. Da der Winkel den die beiden Kreise f und f_1 mit einander bilden, unendlich klein ist, so wird man sich leicht überzeugen, dass mau statt $s\sigma$, sx [welches gleich $h\ (d\varphi + d\psi)$ ist] $+\ x\sigma$, und statt $s_1\sigma_1$, $s_1 x_1$ [welches gleich h_1 $(d\varphi + d\psi)$ ist] $-\ x_1\sigma_1$ setzen kann. Es kommt nun zunächst darauf an $x\sigma$ oder $x_1\sigma_1$ auf angemessene Weise auszudrücken. Zu dem Ende nenne man den Winkel den h mit A und B bildet ν, und fälle von α_1 ein Loth $\alpha_1 y$ auf αx, so ist dieses $a\alpha_1$ [sin ν — $(d\varphi + d\psi)$], da von dieser Grösse nur der Theil zu berücksichtigen ist, der eine unendlich kleine Grösse der ersten Ordnung ist, so kann man dafür $\alpha\alpha_1 \sin \nu$ setzen. Die Linien αs und αs_1 stimmen in Bezug auf ihren endlichen Theil ebenfalls überein, da ihre Differenz $xy = \alpha\alpha_1 \cos \nu$ unendlich klein ist, man darf daher auf solche Weise, wie sogleich geschehen wird, die Grössen verwechseln. Man hat nämlich $\alpha_1 y : \sigma x = c_1 \alpha_1 : c_1 \sigma$ und $\alpha_1 y : x_1 \sigma_1 = c_1 \alpha_1 : c_1 \sigma_1$ oder $\alpha\alpha_1 \sin \nu : x\sigma = \varrho + h : \varrho$ und $\alpha\alpha_1 \sin \nu : x_1\sigma_1 = h_1 - \varrho : \varrho$, und daher $x\sigma = \alpha\alpha_1 \sin \nu . \frac{\varrho}{\varrho + h}$ und $x_1\sigma_1 = \alpha\alpha_1 \sin \nu . \frac{\varrho}{h_1 - \varrho}$. Der Winkel $d\mu$ den $a c_1$ mit $a_1 c_1$ bildet ist gleich $\frac{\alpha_1 y}{\alpha_1 c_1}$ $= \frac{\alpha\alpha_1 \sin \nu}{h + \varrho} = \frac{\alpha\alpha_1 \sin \nu}{h_1 - \varrho}$. Der Krümmungsradius der Curve g für den Punkt s ist nun

$$a)\ \frac{s\ x + x\sigma}{d\varphi + d\psi - d\mu} = \frac{h\,(d\varphi + d\psi) + \alpha\alpha_1 \sin \nu . \frac{\varrho}{h + \varrho}}{d\varphi + d\psi - \alpha\alpha_1 \sin \nu . \frac{1}{h + \varrho}}$$

und für den Punkt s_1

$$b)\ \frac{s_1 x_1 - x_1\sigma}{d\varphi + d\psi - d\omega} = \frac{h_1 (d\varphi + d\psi) - \alpha\alpha_1 \sin \nu . \frac{\varrho}{h_1 + \varrho}}{d\varphi + d\psi - \alpha\alpha_1 \sin \nu . \frac{1}{h_1 - \varrho}}$$

Nennt man den Krümmungshalbmesser der Curve A bei α, r und den entsprechenden Krümmungshalbmesser von B, r_1 so erhält man $\alpha\alpha_1 = r\,d\varphi = r_1\,d\psi$ und daher auch $d\varphi : d\psi = \frac{1}{r} : \frac{1}{r_1}$; setzt man daher in den obigen Ausdrücken statt $\alpha\alpha_1$, $r\,d\varphi$ so kann man, da $d\varphi$ oder $d\psi$ in jedem Gliede des Zählers und Nenners einzeln in der ersten Potenz vorkommt, statt jener unendlich kleinen Grössen die endlichen $\frac{1}{r}$ und $\frac{1}{r_1}$ setzen, man erhält hiermit für

$$a)\quad \frac{h\left\{\frac{1}{r}+\frac{1}{r_1}\right\}+\frac{\rho}{\rho+h}\sin\nu}{\frac{1}{r}+\frac{1}{r_1}-\frac{1}{\rho+h}\sin\nu} \text{ und für}$$

$$b)\quad \frac{h_1\left\{\frac{1}{r}+\frac{1}{r_1}\right\}-\frac{\rho}{h_1-\rho}\sin\nu}{\left\{\frac{1}{r}+\frac{1}{r_1}\right\}-\frac{1}{h_1-\rho}\sin\nu}$$

von welchen also für den ersten Fall (Fig. 12.) die erstere gilt, wenn die Curve f im Fusspunkte des Lothes das auf sie von a gefällt ist, dem Punkte α die convexe Seite zukehrt, und die zweite im entgegengesetzten Falle. Man sieht leicht, dass die Formeln in einander übergehen, wenn man h und h_1 verwechselt und statt ρ, $-\rho$ setzt. In der That wird ein Mal die Krümmung $\frac{1}{\rho}$ das andere Mal $-\frac{1}{\rho}$ in Betracht gezogen.

Was den zweiten Fall (Fig. 13.) betrifft, so ist hier vor allen Dingen zu bemerken, dass der Contingenzwinkel der Curve g, nicht $d\varphi + d\psi - d\mu$, sondern $d\varphi + d\psi + d\mu$ ist, ferner ist $s\sigma = sx - x\sigma$ und $s_1\sigma_1 = s_1 x_1 + x_1\sigma_1$, hierdurch erhält man für den analogen Fall von a, der mit a_1 bezeichnet werden soll, den Krümmungshalbmesser der Zahn-

$$\text{curve } g,\ a_1)\ \frac{h\left\{\frac{1}{r}+\frac{1}{r_1}\right\}-\frac{\varrho}{h+\varrho}\sin\nu}{\frac{1}{r}+\frac{1}{r_1}+\frac{1}{h+\varrho}\sin\nu}$$

$$\text{und für } b_1)\ \frac{h_1\left\{\frac{1}{r}+\frac{1}{r_1}\right\}+\frac{\varrho}{h-\varrho}\sin\nu}{\frac{1}{r}+\frac{1}{r_1}+\frac{1}{h_1-\varrho}\sin\nu}$$

in welche Formeln a) und b) übergehen, wenn man statt $\sin\nu$, $-\sin\nu$ setzt. Sollte die Curve A nach derselben Seite gekrümmt sein wie B, so wird man bei noch einmaliger Durchsicht der gemachten Schlüsse leicht finden, dass man dann statt $+\frac{1}{r}$, $-\frac{1}{r}$ zu setzen habe.

Man kann nun die sämmtlichen Formeln a) b) a_1) und b_1) in irgend einer z. B. in der ersten zusammenfassen, wenn man folgende Bestimmungen hinzusetzt: die Krümmung der festen Curve B, nämlich $\frac{1}{r_1}$, ist positiv zu nehmen, die Krümmung von A, nämlich $\frac{1}{r}$, ist positiv oder negativ zu nehmen, je nachdem A in α mit B entgegengesetzte oder gleichliegende Krümmung hat; die Krümmung $\frac{1}{\varrho}$ oder ϱ selbst ist positiv zu nehmen, wenn f dem Punkte α die convexe Seite zukehrt, negativ im entgegengesetzten Falle, und der Winkel ν ist von der gemeinschaftlichen Tangente an A und B nach entgegengesetzter Richtung als der Mittelpunkt der Krümmung von B liegt zu zählen. Es scheint zwar, dass diese letzte Bestimmung nicht gut bestehen könne, wenn die Curve B im Punkte α einen Wendungspunkt hat, weil es dann zweifelhaft wird, ob sin ν positiv oder negativ zu nehmen ist, man bedenke indessen, dass für diesen Fall $\frac{1}{r_1}$ nothwendig o ist, nimmt man nun sin ν positiv, so ist $\frac{1}{r}$ positiv oder negativ zu nehmen, und nimmt man sin ν negativ so ist $\frac{1}{r}$ entsprechend negativ oder positiv zu nehmen, nnd beide Annahmen führen auf dasselbe Resultat. Es bleibt noch übrig zu erwähnen dass wenn der Ausdruck a) positiv wird, er auf eine concave Krümmung der Curve g, nach dem Punkte α hin, deutet; und für den Fall dass er negativ wird auf eine convexe. Um dieses leichter zu übersehen, gebe man dem Ausdruck a) die Form

$$h + \frac{\sin \nu}{\frac{1}{r} + \frac{1}{r_1} - \frac{1}{\varrho + h} \sin \nu}$$ Dieser Ausdruck wird nun gleich h wenn $\nu = o$ oder gleich π ist, alsdann fällt aber der Krümmungsmittelpunkt der Curve g in α, weil die dem α entsprechende Normale an g, mit der Tangente an B, im Punkte α zusammenfällt, und die nächste Normale vom nächsten Eckpunkt von α auf g gefällt wird;

diese beiden Normalen schneiden sich also in diesem nächsten Punkt an α oder in α selbst, folglich ist der Krümmungsmittelpunkt für g, selbst α, und das positive Zeichen $+h$ deutet auf eine convexe Krümmung von g, gegen α. Lässt man ν von o oder π wachsen so erscheint die Krümmung von g als continuirliche Function von ν, deutet also bei erfolgendem Zeichenwechsel auch auf einen Gegensatz in der Krümmung.

Setzt man in dem Ausdrucke $h + \frac{\sin\nu}{\frac{1}{r} + \frac{1}{r_1} - \frac{\sin\nu}{h \pm \varrho}}$ welcher $a)$ $b)$ $a_1)$ und $b_1)$ umfasst statt $h \pm \varrho$, H so erhält man $H \mp \varrho + \frac{\sin\nu}{\frac{1}{r} + \frac{1}{r_1} - \frac{\sin\nu}{H}}$; nimmt man in diesem Ausdrucke ϱ unendlich klein, so erhält man den Krümmungsradius der Umhüllungscurve die von einem unendlich kleinen Kreise erzeugt wird, dessen Mittelpunkt c ist; diese Curve ist aber offenbar diejenige welche c bei der Wälzung von A auf B beschreibt. Daher müssen für diese Curve, welche insbesondere Wälzungscurve heissen mag, noch die Gesetze gelten, welche für die untersuchten Umhüllungscurven im Allgemeinen gelten. Daraus folgt zunächst, dass H auf dieser Curve senkrecht steht, oder dass man die Normale für die Wälzungscurve von c erhält, wenn man diesen Punkt mit dem zugehörigen Berührungspunkt von A und B verbindet. Die Umhüllungscurven die man erhält, indem man dem ϱ irgend einen endlichen constanten Werth giebt, sind Parallelcurven der Wälzungscurve, denn diese haben mit jener gemeinschaftliche Normallinien, und bleiben stets um die Linie ρ von jener entfernt, welches Gesetz sich auch in dem Ausdrucke $H \mp \rho + \frac{\sin \nu}{\frac{1}{r} + \frac{1}{r_1} - \frac{\sin \nu}{H}}$ ausspricht.

Wie schon oben erwähnt wurde, sind die erhaltenen Ausdrücke ganz allgemein und nicht von der Voraussetzung abhängig, dass f ein Kreis sei, wenn man nur für den Krümmungshalbmesser des in Betracht gezogenen Elements von f, ρ setzt. Für die Zahnconstruktion kann man sich natürlich derselben bedienen um aus der Krümmung des gegebenen Zahnes f die Krümmung des gesuchten g zu finden.

Wie findet man aus den angegebenen Formeln der Krümmungshalbmesser der Cycloide? Derselbe wird $2H$. Wie findet man den Krümmungshalbmesser der Hypocycloide die ein Kreis beschreibt, der in einem andern von noch ein mal so grossem Radius rollt? und welche geometrische Bedeutung hat dieser Werth? Wie findet man den Krümmungsradius der Umhüllungslinie, die eine gerade Linie erzeugt, die mit einem Kreise fest verbunden ist, welcher auf einem Kreise von halb so grossem Radius rollt, indem er jenem die concave Seite zukehrt? Wie kann man endlich aus diesen Formeln, die Hauptformel im §. 5. des ersten Capitels ableiten?

§. 10.

Das Verfahren welches gewöhnlich in den Lehrbüchern angegeben wird um entsprechende Zahncurven zu zeichnen (z. B. im Eytelwein) besteht in Folgendem.

Berühren sich die beiden Curven A und B (Fig. 15.) in einem Punkte α, so setze man mit diesen beiden Curven in dem nämlichen Punkte α noch eine Kreislinie L in Berührung, fasse in der Peripherie einen Punkt p auf, wälze den Kreis von α aus auf A und auf B, so werden die Wälzungscurven $p\alpha_1$ und $p\beta_1$ die hierbei von p erzeugt werden entsprechende Zahnlinien für A und B sein. Die angewendeten Schlüsse die zu dieser Aussage berechtigen, sind folgende:

1) Die genannten Curven $p\alpha_1$ und $p\beta_1$ berühren sich in p, denn sie haben eine gemeinschaftliche Normale $p\alpha$ (§. 8)

2) ist der Bogen $\alpha\alpha_1 = \alpha\beta_1$ nämlich beide gleich αp; und hieraus leitet man leicht ab, dass bei der Drehung von A um seinen entsprechenden Mittelpunkt, nach der Richtuug von αp, auch B genöthigt werde sich nach der Richtung $\beta\beta_1$ zu bewegen, und dass von B und A stets gleich grosse Bogen durch den Berührungspunkt gehen; denn denkt man sich die Curven A und B berühren sich in den entsprechenden Punkten α_2 und β_2, so denke man noch den Punkt l_2 in L so bestimmt dass der Bogen $\alpha l_2 = \alpha\alpha_2$ sei, denkt man jetzt A, B und L in α_2, β_2, l_2 in Berührung, so wiederholen sich die vorigen Schlüsse, und von A und B sind dem $\alpha\alpha_2 = \beta\beta_2$ durch den Berührungspunkt gegangen.

Es ist leicht zu übersehen wie nach den hier entwickelten Principien die Richtigkeit des Verfahrens hervorgeht, denn bei dem Rollen von A auf B muss $p\alpha_1$ stets $p\beta_1$ in einem Punkte berühren den man erhält wenn man von α eine Normale auf αp fällt.

So sinnreich dies Verfahren aber auch ist, so ist es doch wissenschaftlich einseitig, weil dabei nicht die vollständige Willkührlichkeit der Curve f einleuchtet, und auch praktisch nicht leicht ausführbar weil es nicht leicht ist, die Wälzungslinien richtig zu construiren. — Man kann sich indessen auch von hier aus zur völlig allgemeinen Auffassung erheben. Zu dem Ende mögen folgende Bemerkungen dienen: 1) das angegebene Verfahren bleibt richtig, wenn die Curve L auch kein Kreis ist, und der Punkt p nicht in der Peripherie der Curve liegt; 2) Man kann jede Curve in Bezug auf eine zweite als Wälzungscurve betrachten, und auch die Krümmungen der unbekannten sich wälzenden Curve in den verschiedenen Punkten ihrer Länge finden; entweder durch die Formeln des §. 8., oder durch eine ursprüngliche Betrachtungsweise, welches für Ungeübte zu empfehlen ist. (Sieht man eine gerade Linie in Bezug auf eine zweite gerade als Wälzungslinie an, welches ist alsdann die sich wälzende Linie, und welcher Punkt dieser Linie beschreibt jene gerade?) — Setzte man also diese sich wälzende Linie als gefunden voraus, so könnte man auch von hier aus alle erhaltenen Bestimmungen wieder finden. In dem Vorhergehenden sind übrigens mehrere Fälle enthalten, in welchen die Curven A und B, f und g bekannt sind, ohne dass diese sich wälzende Curve bekannt gewesen wäre.

Allgemeine Anmerkung zur Theorie der Zahncurven.

In vielen Fällen weicht die Praxis bei der Construction der Zähne, selbst für centrische Kreisräder, die wir hier besonders voraussetzen wollen, von den aufgestellten Regeln ab. Die Frage ist daher sehr natürlich: was entsteht aus der Abweichung von den aufgestellten Regeln? und die einfache Antwort ist: eine Aufhebung der der Construction zum Grunde gelegten Voraussetzung, dass nämlich stets von beiden Curven gleiche Bögen durch die Centrale gehen. Nach dem Princip der virtuellen Geschwindigkeiten, verhalten sich aber die Kräfte welche in jedem Theilrisse wirken, umgekehrt wie die unendlich kleinen Bogen die in beiden Theilrissen, bei unendlich kurzer Einwirkung der Kräfte, durch den Berührungspunkt gehen. Sind also diese in beiden Fällen gleich, so sind die Kräfte welche in beiden Theilrissen wirken, wenn man von der Reibung abstrahirt, gleich; oder die Kraft, welche in dem einen Theilrisse wirkt, verpflanzt sich für diesen Fall ungeändert auf den andern Theilriss. Diese Annahme ist für die Berechnung und Construction der Räderwerke sehr bequem, da man Veränderungen der Kraft, durch die sogenannten Lasträder, welche mit den hier betrachteten Krafträdern an einer Welle sitzen, und einen grössern oder kleinern (gewöhnlich kleinern) Durchmesser als jene haben, leicht hervorbringen kann. Auf diese Weise erhält man für die beiden getrennten Erfordernisse: Verpflanzung und Veränderung der Kraft zwei getrennte Mittel: Krafträder und Lasträder. Sind die Zähne nun nicht nach den aufgestellten Principien konstruirt, so verpflanzt sich die Kraft nicht ungeändert von einem Theilrisse auf den andern, sondern der Mechanismus der Zähne bringt beide Erscheinungen zu gleicher Zeit hervor: Verpflanzung und Veränderung der Kraft. Da man aber auch in der Praxis voraussetzt, dass nach vollbrachtem Einwirken zweier entsprechenden Zähne auf einander, gleiche Bogen beider Theilrisse durch die Centrale gegangen sind, so kann man dennoch aus der vorhergehenden Theorie auch für diese Fälle Nutzen ziehen; denn um dieser Bedingung zu genügen braucht man die Zahncurve g nur so zu construiren, dass ihr erster und letzter Punkt, mit den theoretisch bestimmten Punkten übereinstimmt. Grosse Abweichungen von den aufgestellten Regeln können übrigens für die Maschine üble Folgen haben, indem es so fast unvermeidlich wird, dass sich die Zähne des bewegten Rades von denen des bewegenden trennen, und bei darauf erfolgender Begegnung der Zähne mit einander, ein sehr schädliches Stossen hervorbringen; wie man dies bei manchen misslungenen Exemplaren beobachten kann.

Es könnte noch die Frage aufgestellt werden, ob man nicht, indem man die Zähne der Räder so construirte, dass die Bogen beider Theilrisse welche durch die Centrale gehen, in einem bestimmten Verhältniss zu einander stehen, die Lasträder sparen könnte. Man kann sich aber leicht genug überzeugen, dass sich solche Zähne auf ein Paar andere, mit den gegebenen concentrische Theilrisse beziehen, von welchen unter den vorausgesetzten Bedingungen gleiche Bogen durch den Theilriss gehen. Diese Zähne, durch die obigen Entwickelungen leicht zu construiren, führen also nicht zu neuen Anwendungen.

§. 11.

Um die erhaltenen Resultate auf den Raum auszudehnen, sollen folgende Betrachtungen angestellt werden:

Mit einer Ebene E ist eine Ebene E_1, die nicht mit jener zusammen fällt, fest verbunden; dreht sich nun die Ebene E um eine auf ihr senkrechte Axe, so soll die Linie ermittelt werden, in welcher zwei nächste Stellungen der Ebene E_1 sich schneiden. — Man nenne die Schnittlinie der Ebenen E und E_1, A (Fig. 16.) die senkrechte Axe auf E, op, den Schnittpunkt dieser Axe mit E, o und den Schnittpunkt derselben Axe mit E_1, p ferner den Fusspunkt eines Loths von o auf A gefällt, b. Indem sich nun die Ebene E_1 um die Axe Op dreht, bleibt offenbar der Punkt p ungeändert; der Schnittpunkt zweier nächsten Lagen der Linie A ist aber der Fusspunkt b, und hieraus schliesst man: dass die Verbindungslinie pb des Durchschnittspunktes der Axe mit der Ebene E_1, und des Fusspunktes eines Lothes, das aus dem Schnittpunkte o der Axe mit der Ebene E, auf die Schnittlinie A beider Ebenen gefällt wird, die gesuchte Linie sei. Fällt man nun von o auf die Linie pb ein Loth oq, so wird dies auch auf der Ebene E_1 senkrecht stehen; denn nach bekannten stereometrischen Lehren steht die Ebene opb auf E und E_1 senkrecht, demnach also die Linie oq, da sie in dieser Ebene senkrecht auf pb steht, auf E_1 senkrecht stehen muss. Da dieser Punkt q nur von dem Punkt o, und nicht von der Richtung der Ebene E oder der Axe op abhängig ist, so schliesst man: um welche Axe sich auch die Ebene E_1 drehen möge, so ferne diese Axe nur durch o geht, so wird die Ebene E_1 in zwei nächsten Lagen stets den Fusspunkt q eines Lothes gemeinschaft lich haben, welches von o auf E_1 gefällt wird

Nach §. 5. kann man die Ortsveränderung der Linie A indem sich E um die Axe op um den Winkel $d\varphi$ dreht, in eine drehende Bewegung um den Fusspunkt b zerfällen, deren Maass $d\varphi$ ist, und in eine fortschreitende bb_1 deren Maass $ob \,.\, d\varphi$ ist. Um diese Zerfällung unter einem hier dienlichen Gesichtspunkte anzusehen, denke man die Ebene E_1 um pb um einen solchen Winkel $d\alpha$ gedreht, dass die Schnittlinie dieser Ebene und der Ebene E_1 in A_1 die zweite Lage von A falle, darauf drehe man die Ebene E, in dieser Lage, um die auf ihr senkrechte Linie pm_1, um einen solchen Winkel $d\beta$, dass $pb \,.\, d\beta = bb_1$ wird; hierdurch wird nun der Punkt b auf den Punkt b_1 fallen, da die Linien pb und pb_1 nur um eine unendlich kleine Linie der zweiten Ordnung verschieden sind. Diese beiden unendlich kleinen Drehungen um pb und pm_1 werden also für die Ebene E dieselbe Ortsveränderung hervorbringen als die einzige Drehung um op, denn nach vollbrachten Drehungen geht die Ebene E_1 (so als wenn die Drehung um Op vollbracht wäre) durch den Punkt p und die Linie A_1, und der Punkt b hat ebenfalls seine Stellung wie bei der

Drehung um op angenommen, welches die aufgestellte Behauptung hinreichend erweist. Denkt man sich jetzt irgend eine Ebene F mit der Ebene E_1 verbunden, so muss, da die Stellung der Ebene E_1 schon die Stellung der Ebene F bestimmt, die einer Drehung um op entsprechende Ortsveränderung von F auch in dieselben beiden Drehungen um bp und pm_1 zerlegt werden können. Diese Ebene F gehe nun durch die Normale pm auf E_1 (in seiner erstenLage) und durch eine Linie B in der Ebene E die parallel mit A ist. Indem man nun die Drehung um bp, um den Winkel $d\alpha$ vornimmt, beschreibt den Punkt m den Weg $mm_1 = mp \, . \, d\alpha$, der Punkt b bleibt bei dieser Drehung unbewegt, bei der zweiten Drehung um pm_1, bleibt der Punkt m_1 unbewegt, und der Punkt b beschreibt den Weg $pb \, . \, d\beta_1$. Nach §. 5. müssen aber die Punkte m und b bei der Drehung der Ebene E um den Winkel $d\varphi$, die Wege $om \, . \, d\varphi$ und $ob \, . \, d\varphi$ beschreiben, da diese offenbar mit jenen dieselben sein müssen, so erhält man die Gleichungen $mp \, . \, d\alpha = om \, . \, d\varphi$ und $pb \, . \, d\beta = ob \, . \, d\varphi$, oder $d\alpha = \frac{mo}{mp} \, . \, d\varphi$ und $d\beta = \frac{bo}{bp} d\varphi$, oder nennt man den Winkel opb, ψ so erhält man $d\alpha = \cos \, . \, \psi \, . \, d\varphi$ und $d\beta = \sin \psi \, . \, d\varphi$.

Man kann also folgenden ganz allgemeinen Satz aussprechen: Die Ortsveränderung welche ein Körper durch eine unendlich kleine Drehung um eine Axe erleidet, lässt sich auch hervorbringen, indem man dem Körper nach einander zwei unendlich kleine Drehungen um zwei auf einander rechtwinklige Axen ertheilt, welche sich in einem Punkte jener Axe schneiden, und die mit jener in einer Ebene liegen. Nennt man den Winkel den eine dieser Axen mit der gegebenen Axe bildet ψ, und den unendlich kleinen Winkel welcher das Maass der Drehung um die erste Axe ist $d\varphi$, so ist das Maass der Drehungen um die auf einander senkrechten Axen $\cos\psi d\varphi$, und $\sin\psi d\varphi$, und zwar die erste Grösse das Maass für die Drehung um die Axe welche mit der gegebenen den Winkel ψ bildet, und die zweite Grösse das Maass für die andere Drehung. Es ist auch leicht aus der vorhergehenden Darlegung zu schliessen, dass wenn man durch die Drehungen um die beiden neuen Axen die erste Drehung ersetzen will, die Maasse der beiden einzelnen Drehungen nothwendig $\cos\psi d\varphi$ und $\sin\psi d\varphi$ werden müssen.

Anmerkung. Es wäre sehr leicht den bekannten Satz welcher in der höhern Mechanik pflegt bewiesen zu werden, dass nämlich jede unendlich kleine Drehung um eine Axe deren Maass $d\varphi$ ist, durch drei Drehungen deren Maass $\cos\psi\ d\varphi$, $\cos\psi_1\, d\varphi$ und $\cos\psi_2\, d\varphi$ ist um drei beliebige unter einander rechtwinklige Axen, welche sich in jener Axe schneiden und mit derselben die Winkel ψ, ψ_1 und ψ_2 bilden, ersetzt werden könne, hier rein geometrisch zu zeigen. Da derselbe indessen jetzt nicht erforderlich ist, so mag der Beweis unterbleiben.

§. 12.

Denkt man sich eine Oberfläche mit einem Punkte fest verbunden, und giebt der Oberfläche eine unendlich kleine Drehung um eine durch diesen Punkt gehende Axe, so geht der Schnitt zweier nächsten Lagen der Oberfläche, durch die Fusspunkte der Lothe welche man von jenem festen Punkte auf die Oberfläche gefällt denken kann.

Man überträgt diesen Satz der bereits für den Fall bewiesen ist, wenn die gedachte Oberfläche eine Ebene ist, leicht auf jede andere Oberfläche, wenn man die in jenen Fusspunkten zur Fläche gehörigen Tangentenebenen denkt; da diese sich bei den erfolgenden unendlich kleinen Drehungen in den Fusspunkten jener Lothe schneiden, und diese Punkte zu gleicher Zeit auch zur Oberfläche gehören, so muss auch diese sich in zwei nächsten Lagen in jenen Fusspunkten schneiden. Fällt man aus jedem Punkte der Drehungsaxe auf die Oberfläche eine Normale, so bestimmen die Fusspunkte dieser Normalen die Durchschnittscurve welche zwei unendlich nahe Lagen, von denen die eine aus der andern durch unendlich kleine Drehung um die Axe hervorgeht, mit einander bilden.

§. 13.

Denkt man zwei Polygone im Raume, nämlich P und Q (in denen also im Allgemeinen drei auf einander folgende Seiten nicht in einer Ebene liegen) und nimmt an, alle Seiten der Polygone wären gleich, und zwei Seiten ihnen gemeinschaftlich, so kann man durch den Schnittpunkt der beiden folgenden entsprechenden Seiten eine Ebene legen, welche die Halbirungslinie des Winkels den die beiden folgenden Seiten mit einander bilden, in sich aufnimmt, und auf der Ebene dieser beiden Seiten senkrecht steht. Nimmt man in dieser Ebene eine gerade Linie A an, welche durch den Schnittpunkt der folgenden beiden entsprechenden Seiten der Polygone geht, so kann man P so lange um A drehen, bis die nächsten entsprechen den Seiten von P und Q zusammenfallen. Indem man diese Operation für alle folgende Eckpunkte wiederholt, bringt man eine Wälzung von P auf Q hervor. Denkt man sich die beiden Polygone gehen in Curven im Raume über, indem ihre Seiten und Contingenzwinkel unendlich klein werden, so bleibt für diese der Begriff der Wälzung ungeändert. Setzt man voraus mit dem Polygon P sei eine Fläche F fest verbunden, so wird diese bei der Wälzung von P auf P_1 in sehr viele verschiedene Lagen übergehen, und alle diese Lagen werden einen Raum umhüllen dessen Grenze die Umhüllungsoberfläche heissen soll. Nimmt man ferner an, der jedesmalige Drehungswinkel sei unendlich klein, welches der Fall ist wenn die Drehungsaxe mit den entsprechenden Elementen endliche Winkel bildet, so schneiden sich je zwei nächste Lagen von F, in den Fusspunkten der Lothe, die man von der Drehungsaxe auf F fällen kann. Der Inbegriff aller auf diese Weise erzeugten Curven bestimmt die Umhüllungsoberfläche.

Man kann nun annehmen beide Curven P und P_1 lägen auf zwei Oberflächen S und S_1 und die beiden Oberflächen berührten sich in den ersten beiden entsprechenden Elementen, so kann man die Drehungsaxe als den Durchschnitt der oben bestimmten Ebene in welcher die Drehungsaxe liegen muss, mit der gemeinschaftlichen Tangentebene der Oberflächen S und S_1 ansehen. Die Wälzung der Curve P auf P_1 ist nun zugleich mit einem Rollen der Fläche S auf S_1 verbunden; oder die Wälzung der Curve P auf P_1 geht hervor, indem die Fläche S mit der Curve P auf der Fläche S_1 längs der Curve P_1 rollt.

§. 14.

Nimmt man insbesondere an die Flächen S, S_1 und F seien Kegelflächen welche dieselbe Spitze O haben, und die Curven P und P_1 die Durchschnitte dieser Kegelflächen, mit einer Kugelfläche deren Mittelpunkt ebenfalls in O liegt, so werden die vorhergehenden Betrachtungen von dem Raum auf die Kugeloberfläche hinüber gespielt. Denkt man sich nämlich auf der Kugeloberfläche zwei Curven P und P_1, und mit P verbunden eine Curve F_1 den Durchschnitt von F mit der Kugel, nimmt man ferner an P rolle auf P_1, so findet man den Schnittpunkt zweier nächsten Lagen von F_1, wenn man von dem Berührungspunkt von P und P_1 einen grössten Kreis normal auf F_1 fällt, in dem Fusspunkte dieses normalen Kreises; denn die Ebene dieses grössten Kreises welche durch O und den Berührungspunkt von P und P_1 also durch die Drehungsaxe geht, steht dann senkrecht auf der Kegelfläche F, folglich schneidet diese sich in zwei nächsten Lagen in jenem Fusspunkte, und dasselbe muss mithin auch für F_1 gelten. Definirt man daher Drehungscurven und Zahncurven auf der Kugeloberfläche eben so wie solches für die Ebene geschehen ist, indem man blos statt gerader Linien grösste Kreise setzt, so kann man sagen: Sind A und B zwei entsprechende Drehungscurven auf der Kugel, und gehört zu A die Zahncurve f, so findet man die ententsprechende Zahncurve g für B, wenn man von dem jedesmaligen Berührungspunkt von A und B auf f einen normalen grössten Kreis fällt, in dem Fusspunkte dieses Kreises auf f.

Anmerkung. Zur vollständigen Erläuterung darf nicht unbemerkt bleiben dass man auch hier im Allgemeinen annehmen müsse, dass gleiche Bogen der Drehungscurven durch die Centrale gehen müssen. In der That gilt der Beweis welcher für diesen Satz im §. 2. des ersten Capitels gegeben werden, auch hier wörtlich. Eben so gelten die Beispiele des §. 3. auch für die Kugeloberfläche, wenn man statt Ellipse sphärische Ellipse etc. setzt; und gleichen Weise gilt auch noch der §. 4. ebenfalls für die Kugeloberfläche. — Es braucht wohl kaum erwähnt zu werden, dass auch diese Untersuchung von praktischem Interesse ist, indem sie sich im Allgemeinen auf die Construction conischer Räder und der zugehörigen Zahncurven bezieht.

§. 15.

Man denke einen Punkt a auf der Kugel (Fig. 17.) un nehme an dieser Punkt beschreibt, indem sich die Kugel um die Axe $d\,o$ dreht (wo o den Mittelpunkt der Kugel bedeutet) den Bogen $a\,b$, der zu dem unendlich kleinen Drehungswinkel $a\,d\,b = d\,\varphi$ gehört. Diese Drehung zerfälle man in zwei andere, von denen die eine um $a\,o$ Statt finden soll, und die andere um die Linie $o\,m$, die mit $a\,o$ einen rechten Winkel bildet, und in der Ebene $a\,o\,d$ liegt. Das Maass der Drehung um $a\,o$ ist nach §. 10. $d\varphi\,.\,\cos a\,d$. Bei dieser Drehung bleibt der Punkt a ungeändert, der Punkt m geht aber in n über, und beschreibt dabei den unendlich kleinen Bogen $m\,n$ eines grössten Kreises, dessen Maass daher $d\varphi\,.\,\cos a\,d$ ist. Bei der zweiten Drehung um $n\,o$ bleibt der Punkt n ungeändert, a geht in b_1 über, und beschreibt den Weg $a\,b_1 = d\varphi\,.\,\sin a\,d$. Da die Ebene $b_1\,o\,n$ nach §. 10. die Axe $d\,o$ in sich aufnimmt, so geht $b\,n$ durch den Punkt d; $a\,b_1$ ist folglich die halbe sphärische Sehne (Bogen eines grössten Kreises) die zu dem unendlich kleinen Bogen $a\,c = 2\,a\,b$ des Kreises $a\,b\,c\,e$ gehört, und welche dem Centriwinkel $2\,d\varphi$ entspricht. Der Winkel den diese sphärische Sehne mit dem Bogen $a\,b\,c$ im Punkte a bildet, wird bekanntlich durch den Bogen $m\,n$ gemessen, da $a\,m$ auf $a\,b$, $a\,n$ auf $a\,b_1$ senkrecht steht, und $a\,m$ wie $a\,n$ gleich $\frac{\pi}{2}$ ist. Dieser Winkel ist demnach $\cos a\,d\,.\,d\varphi$. Man kann demnach folgenden Satz aussprechen: Wenn man in einem sphärischen (auf der Kugel befindlichen) Kreise eine unendlich kleine sphärische Sehne $a\,c$ zieht und den halben zugehörigen Mittelpunktswinkel $d\varphi$ nennt, so ist die halbe Sehne wie der halbe unendlich kleine sphärische Bogen gleich dem Product aus dem Sinus des Kreisradius mal dem halben zum Bogen gehörigen Centriwinkel, also gleich $\sin a\,d\,.\,d\varphi$. Der Winkel den die sphärische unendlich kleine Sehne mit dem Kreisbogen selbst bildet, und der mit $d\nu$ bezeichnet werden soll, ist gleich dem Product aus dem Cosinus des Kreisradius, und dem halben zum Bogen gehörigen Centriwinkel, also $d\nu = \cos ad \,.\, d\varphi$. Dividirt man die erste Gleichung durch die zweite, so erhält man $\operatorname{tg} ad = \frac{ab}{d\nu}$, oder die Tangente vom Kreisradius ist gleich der halben unendlich kleinen Sehne, dividirt durch den Winkel den diese Sehne mit der Kreislinie bildet. Man kann diesem Satze noch eine andere Gestalt geben, indem man in a und c sphärische Tangenten zieht die sich in b_2 schneiden; das unendlich kleine sphärische Dreieck $a c b_2$ kann man als ein geradliniges betrachten, wonach der Aussenwinkel bei b_2 gleich $2 d\nu$ ist; denkt man nun ein sphärisches Polygon um den Kreis ace beschrieben, von dem jede Seite gleich $2 a b_2$ oder gleich ac ist (denn $2 a b_2$ stimmt mit ac in Bezug auf unendlich kleine Grössen der ersten Ordnung überein, da die Winkel bei a und c unendlich klein sind), und setzt $2 d\varphi = d\varphi_1$, und $2 d\nu = d\nu_1$ so kann man sagen: die unendlich kleine Seite dieses Polygones ist gleich dem Sinus des Kreisradius mal dem unendlich kleinen Centriwinkel $d\varphi_1$ der dieser Seite entspricht, also gleich $\sin ad \,.\, d\varphi_1$, ferner der Contingenzwinkel, den zwei unendlich kleine Polygonseiten mit einder bilden, ist gleich dem Cosinus des Kreisradius mal demselben unendlich kleinen Winkel $d\varphi_1$ also gleich $\cos ad \,.\, d\varphi_1$, und schliesslich, die Tangente des Kreisradius ist gleich der unendlich kleinen Polygonenseite dividirt durch den Contingenzwinkel.

Diese Sätze gelten natürlich für alle sphärische Curven, wenn man statt Kreis Krümmungskreis setzt, weil dieser jenen in der hier betrachteten Ausdehnung ersetzt.

§. 16.

Bestimmung der Krümmungsradien der sphärischen Zahncurve g, wenn die sphärische Zahncurve f, so wie die sphärische Drehungscurven A und B gegeben sind.

Um zu der vorgelegten Bestimmung zu gelangen sehe man A und B als sphärische Polygone von unendlich vielen, unendlich kleinen unter sich gleichen Seiten an. Die Wälzung von A auf B besteht dann darin dass A sich nach einander um seine Eckpunkte auf den entsprechenden Eckpunkten von B so dreht, dass nach einander die entsprechenden Seiten beider Polygone auf einander fallen. Das Maass jeder Drehung ist gleich der Summe oder Differenz der entsprechenden Contingenzwinkel, je nachdem die Curven gegen ihre gemeinschaftliche sphärische Tangente nach entgegengesetzten oder nach derselben Seite gekrümmt sind. Zur grössern Einfachheit soll hier zunächst angenommen werden, die Curven A und B und f seien Kreise deren sphärische Radien mit r, r_1 und ρ bezeichnet werden sollen. Setzt man nun statt A und B ihnen eingeschriebene Polygone, von unendlich kleinen gleichen Seiten, so soll der sich hierdurch für A ergebende Contingenzwinkel $d\varphi$, und der Contingenzwinkel für B, $d\psi$ heissen. Indem die Polygone auf einander rollen wird eine Zahncurve g

erzeugt die unendlich viele Punkte mit der Zahncurve gemein hat die erzeugt würde wenn die Kreise auf einander rollten. Daraus folgt indessen noch nicht in jeder Beziehung eine völlige Gleichheit beider Curven; — die Krümmungsradien derselben sind, wie man sich leicht überzeugt wesentlich verschieden. Die erste Ansicht soll hier vorzüglich dazu dienen, solche Punkte in g aufzufassen, die dieselben wären wenn man A und B als Kreise voraussetzt. A und B aber als Polygone gedacht die einen beiden entsprechenden Punkt α gemeinschaftlich haben, werden dann für die umschriebenen Kreise eine entsprechende Lage haben, wenn die sphärischen Halbirungslinien beider Contingenzwinkel in einen grössten Kreis zusammen fallen. Fällt man in dieser Stellung von α auf f eine sphärische Normale, so giebt der Fusspunkt s derselben einen Punkt von g an, (Fig. 18). Man denke nun A drehe sich um den Punkt α, um den Winkel $\frac{1}{2}(d\varphi + d\psi)$ so werden nach vollbrachter Drehung die nächsten entsprechenden Endpunkte in α_1 zusammen fallen. Der Mittelpunkt c des Kreises f ist bei dieser Drehung in c_1 und f in f_1 übergegangen. Die Durchschnittspunkte von αc_1 und $\alpha_1 c_1$ mit f_1 nenne man x und x_1. Darauf drehe man A, um den Punkt α_1, um die halbe Summe der Contingenzwinkel die dem Punkte α_1 entsprechen, also wieder um $\frac{1}{2}(d\varphi + d\psi)$; f_1 geht hierdurch in die Lage f_{11} und c_1 in die Lage c_{11} über. Nennt man nun den Fusspunkt eines Lothes welches man von α_1 auf f_{11} fällen kann σ, so ist σ ein zweiter Punkt der Curve g. Nennt man nun die Linie $s\alpha, h$ so ist nach §. 14. die Linie

$sx = \frac{1}{2}\sin h \,.\, \{d\varphi + d\psi\}$. Zieht man aus dem Punkte c_1 mit dem Radius $c_1\alpha_1$ einen Bogen bis zum Schnittpunkte y mit αc_1 so ist $xx_1 = \sin\varrho \,.\, d\mu$ und $\alpha_1 y = \sin c_1\alpha_1 \,.\, d\mu$ wo $d\mu$ den Winkel $\alpha c \alpha_1$ bedeutet. Das unendlich kleine Dreieck $\alpha y \alpha_1$ kann man aber als ein geradliniges bei y rechtwinkliges Dreieck betrachten; nennt man daher den Winkel $c_1\,\alpha\alpha_1$, ν so erhält man $\alpha_1 y = \alpha\alpha_1 \sin\nu$ oder $= \operatorname{tang} r \,.\, \sin\nu \,.\, d\varphi$, da $\alpha\,\alpha_1$ als Polygonseite von A gleich $\operatorname{tang} r \,.\, d\varphi$ ist. Da nun $\alpha_1 y = \sin c_1\,\alpha_1 \,.\, d\mu$ $= \operatorname{tang} r \,.\, \sin\nu \,.\, d\varphi$ ist so ergiebt sich hieraus $d\mu$ $= \frac{\operatorname{tang} r \,.\, \sin\nu}{\sin c_1\,\alpha_1}\, d\varphi$, da aber $c_1\,\alpha_1$ nur unendlich wenig, nämlich um $\alpha y = \alpha\alpha_1 \cos\nu = \operatorname{tang.} r \cos\nu \,.\, d\varphi$ von $c_1\,\alpha$ verschieden ist, so kann man

$$d\mu = \frac{\operatorname{tang} r \,.\, \sin\nu}{\sin c_1\,\alpha}\, d\varphi = \frac{\operatorname{tang} r \,.\, \sin\nu}{\sin(\varrho + h)}\, d\varphi$$ setzen. Es ist mithin $$xx_1 = \frac{\sin\varrho \,.\, \sin\nu \,.\, \operatorname{tg.} r}{\sin(\varrho + h)}\, d\varphi.$$ Der Bogen $x_1\,s$ ist gleich $\frac{1}{2}\sin\alpha_1\,x_1\,(d\varphi + d\psi)$, da man aber für $\alpha_1\,c_1$, αc_1 setzen darf, so kann man auch statt $\alpha_1\,x_1$, h setzen; man erhält demnach $x_1\,s = \frac{1}{2}\sin h.$ $(d\varphi + d\psi)$. Da die Linien sx, xx_1, $x_1\,\sigma$ sich nur unter unendlich kleinen Winkeln schneiden, und jede dieser Linien der Länge nach so gut wie der Bogen $s\sigma$ der Curve g mit ihrer Sehne (geraden, nicht sphärischen) zusammen fallen, so findet man dass der Bogen der Curve g gleich $s\sigma$ ist; sein Maass ist daher

$$\sin h\,\{d\varphi + d\psi\} + \frac{\sin\varrho\,\sin\nu\,\operatorname{tang} r}{\sin(\varrho + h)}\, d\psi.$$ Um nun den

diesem Bogen entsprechenden Contingenzwinkel zu finden, denke man in s und σ die Tangenten an g gezogen; der Schnittpunkt dieser Tangente heisse k, so ist $\pi - sk\sigma$ der gesuchte Contingenzwinkel. Um diesen Winkel zu bestimmen, bestimme man zunächst die übrigen Winkel des sphärischen Fünfecks $s\,x\,x_1\,\sigma\,k$. Der Winkel $k\,s\,x$ ist nach §. 14. gleich $\frac{1}{4}$ cos. h $(d\varphi + d\psi)$, folglich der Winkel $xs\alpha = sx\alpha$ $= \frac{\pi}{2} - \frac{1}{4}$ cos h $(d\varphi + d\psi)$ und daher der Winkel

$c_1\,x\,\sigma = \frac{\pi}{2} + \frac{1}{4}$ cos h $(d\varphi + d\psi)$, jeder der Winkel $c_1\,x\,x_1$ und $c_1\,x_1\,x$ findet man aus gleichen Gründen gleich, $\frac{1}{2}$ cos ρ. $d\mu$, ferner den Winkel $c_1\,x_1\,\sigma$ $= \frac{\pi}{2} + \frac{1}{4}$ cos h $(d\varphi + d\psi)$ und den Winkel $x_1\,x\,s$ $= \frac{1}{4}$ cos h $(d\varphi + d\psi)$. Addirt man die Winkel bei s, x, x_1, und σ so erhält man $2\pi +$ cos h $(d\varphi + d\psi)$ $-$ cos $\rho\,d\,\mu$. Die Winkel eines ebenen Fünfecks betragen 6 rechte oder 3π, und die Winkel eines sphärischen Fünfecks überschreiten bekanntlich diese Summe um so viel, als sein eigenes Flächenmaass beträgt, wenn man den 8ten Theil der Kugelfläche $= \frac{\pi}{2}$ setzt, welches wirklich sein Maass ist, wenn man den Kugelradius $= 1$ setzt. Ein sphärisches Polygon, dessen Seiten unendlich klein sind, und welches nur eine endliche Anzahl von Seiten hat, muss nothwendigerweise eine unendlich kleine Grösse der zweiten Ordnung sein, denn jedes einzelne Dreieck, aus welchen dasselbe besteht, ist auf der Kugel wie in der Ebene eine unendlich kleine Grösse der zweiten Ordnung. Man erhält demnach $2\pi + \cos h\,(d\varphi + d\psi) - \cos\varrho.\,d\mu\,t$ $+_{,}$ Winkel $sk\sigma = 3\pi + q$ wo q eine unendlich kleine Grösse der zweiten Ordnung andeutet. Hieraus erhält man den Nebenwinkel $sk\sigma$ oder der gesuchten Contingenzwinkel $\pi - sk\sigma = \cos h\,(d\varphi + d\psi) - \cos\varrho.\,d\mu - q$. Da q aber eine unendlich kleine Grösse der zweiten Ordnung ist, so verschwindet es neben den Grössen der ersten Ordnung, und man erhält, indem man für $d\mu$ seinen Werth setzt, den Contingenzwinkel $=$

$$\cos h\,(d\varphi + d\psi) - \frac{\cos\varrho\,\sin\nu.\,tg\,r}{\sin(\varrho + h)}\,d\varphi.$$

Dividirt man nun $s\sigma$ durch diesen Contingenzwinkel, so erhält man nach §. 14. die Tangente des sphärischen Krümmungsradius für den Punkt s der Curve g. gleich

$$\frac{\sin h\,\{d\varphi + d\psi\} + \dfrac{\sin\varrho\,\sin\nu\,\text{tang.}\,r}{\sin(\varrho + h)}\,d\varphi}{\cos h\,\{d\varphi + d\psi\} - \dfrac{\cos\varrho\,\sin\nu\,\text{tang.}\,r}{\sin(\varrho + h)}\,d\varphi}$$

Da $\dfrac{\alpha\alpha_1}{d\varphi} = \text{tang.}\,r$ und $\dfrac{\alpha\alpha_1}{d\psi} = \text{tang.}\,r_1$ so erhält man $d\varphi : d\psi = \text{cotg}\,r : \text{cotg}\,r_1$, man kann demnach in dem obigen Ausdrucke, statt $d\varphi$ und $d\psi$, da diese Ausdrücke in jedem Gliede des Zählers und Nenners einzeln vorkommen, $\text{cotg}\,r$ und $\text{cotg}\,r_1$ setzen, und hierdurch geht der Ausdruck für die Tangente des Krümmungsradius in

$$\frac{\sin h\,\{\text{cotg}\,r + \text{cotg}\,r_1\} + \dfrac{\sin\varrho.\,\sin\nu}{\sin(\varrho + h)}}{\cos h\,\{\text{cotg}\,r + \text{cotg}\,r_1\} - \dfrac{\cos\varrho\,\sin\nu}{\sin(\varrho + h)}}$$

über. Nennt man den gesuchten sphärischen Krümmungsradius X, so erhält man

$$1)\ tg\, X = \frac{\sin h \left\{ \operatorname{cotg} r + \operatorname{cotg} r_1 \right\} + \dfrac{\sin \varrho .\, \sin \nu}{\sin (\varrho + h)}}{\cos h \left\{ \operatorname{cotg} r + \operatorname{cotg} r_1 \right\} - \dfrac{\cos \varrho \sin \nu}{\sin (\varrho + h)}}$$

$$= tg\, h + \frac{\dfrac{\sin \nu}{\sin (\varrho + h)} (\sin \varrho + \operatorname{tang} h .\, \cos \varrho)}{\cos h \left\{ \operatorname{cotg} r + \operatorname{cotg} r_1 \right\} - \dfrac{\cos \varrho \sin \nu}{\sin (\varrho + h)}}$$

$$= \operatorname{tng} h + \frac{\sin \nu}{\cos h \left\{ \cos .\, h (\operatorname{cotg} r + \operatorname{cotg} r_1) - \dfrac{\cos \varrho \sin \nu}{\sin (\varrho + h)} \right\}}$$

In Bezug auf die Vorzeichen von ϱ und $\sin \nu$ gelten die Bemerkungen des §. 8. In der That hat dieser Ausdruck mit dem in jenem Paragraphen aufgestellten die grösste Analogie, und geht augenblicklich in jenen über, wenn man statt $\sin r$, $\sin r_1$, $\sin \varrho$ und $\sin (\varrho + h)$, die Grössen r, r_1, ϱ, $\varrho + h$ und statt der Cosinusse dieser Bögen 1 setzt. Setzt man in dem obigen Ausdrucke $\varrho = o$, oder nimmt man f für einen unendlich kleinen Kreis, und setzt zugleich für h, H so erhält man 2) $\operatorname{tang} X =$

$$\operatorname{tang} H + \frac{\sin \nu}{\cos H \left\{ \cos H (\operatorname{cotg} r + \operatorname{cotg} r_1) - \dfrac{\sin \nu}{\sin H} \right\}}$$

aus welchem Ausdrucke man die Krümmungsradien der verschiedenen Arten der sphärischen Cycloiden ableiten kann.

Der für $tg\, X$ gegebene Ausdruck gilt aber jetzt allgemein, sobald die Curven A und B nur continuirlich sind; denn die Voraussetzung, dass zwei auf einander folgende Contingenzwinkel in A und in B unter sich gleich sind, ist in so ferne allgemein gerechtfertigt, als diese unendlich kleinen Grössen, da auch sie sich nach einem continuirlichen Gesetz ändern müssen, nur um unendlich kleine Grössen der zweiten Ordnung von einander verschieden sein können, welches hier nicht in Betracht kommt.

Zusatz. Wenn A und B entsprechende Drehungscurven sind, und A rollt auf B indem sich stets entsprechende Punkte beider Curven berühren, so muss auch auf der Kugelfläche, der Drehungspunkt von A, um den Drehungspunkt von B einen Kreis beschreiben. Hierdurch ist man vermöge einer eben gegebenen Formel im Stande, eine Gleichung zwischen dem Krümmungsradius von A und B aufzustellen. In der That nennt man die sphärische Centrale k, und die Radien vectoren zweier entsprechender Punkte von A und B, ϱ und ϱ_1, wo also $\varrho \pm \varrho_1, = k$ ist, so erhält man, indem man in den ersten Formeln für X. k, für h, ϱ und für ϱ, o setzt $\tang k = tg\,(\varrho \pm \varrho\,) =$

$$\frac{\sin \varrho \;(\operatorname{cotg} r + \operatorname{cotg} r_1)}{\cos \varrho \;(\operatorname{cotg} r + \operatorname{cotg} r_1) - \dfrac{\sin \nu}{\cos \varrho}}$$

und hieraus nach einigen Reductionen

$$\operatorname{cotg} r + \operatorname{cotg} r_1 = \sin \nu \;(\operatorname{cotg} \varrho \pm \operatorname{cotg} \varrho_1)$$

eine analoge Formel, mit der im §. 5 des ersten Capitels für die ebenen Drehungscurven aufgestellten, und von welcher man für die Kugeloberfläche denselben Gebrauch wie von jener für die Ebene machen kann.

Wie leitet man aus diesem Ausdruck den Werth für die Tangente der Krümmungshalbmesser der sphärischen Ellipse ab?

Welche Curve entspricht auf der Kugelfläche der logarithmischen Spirale in der Ebene? und zu welchen Resultaten führt hier eine ähnliche Untersuchung wie die des §. 10. für jene Curven?

Gedruckt bei Julius Sittenfeld in Berlin.
Burgstrasse No. 25.

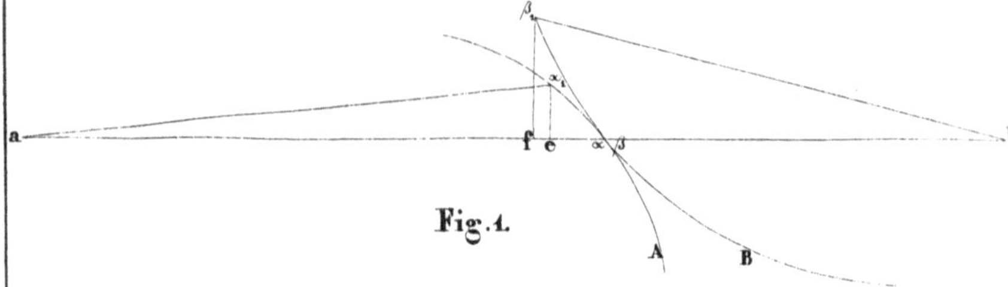

Fig. 1.

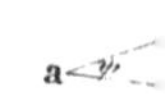

Fig. 4.

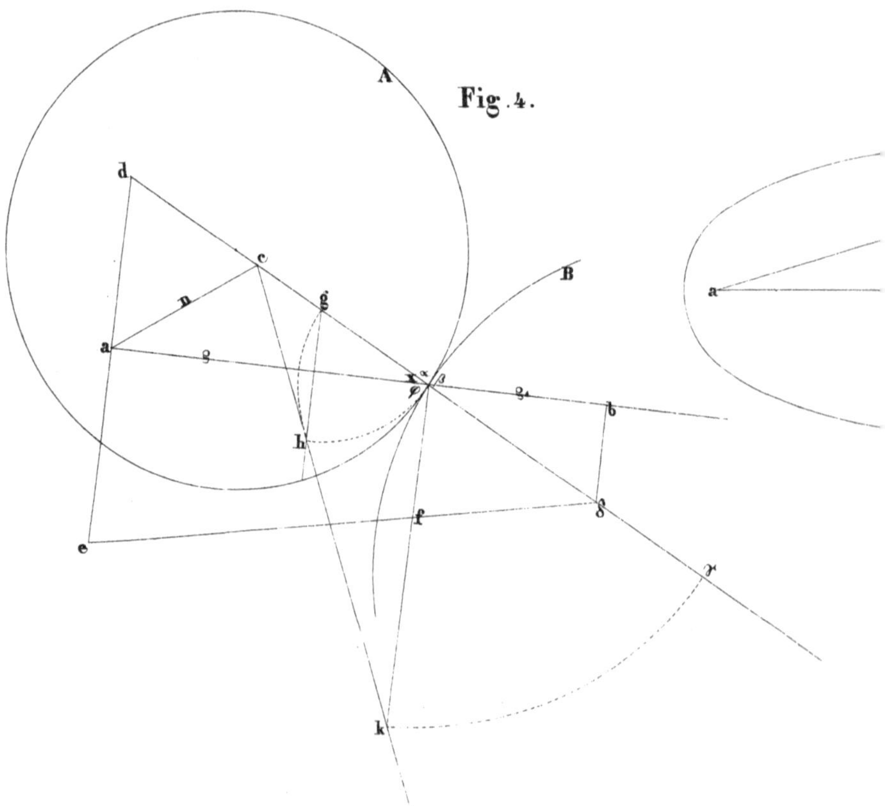

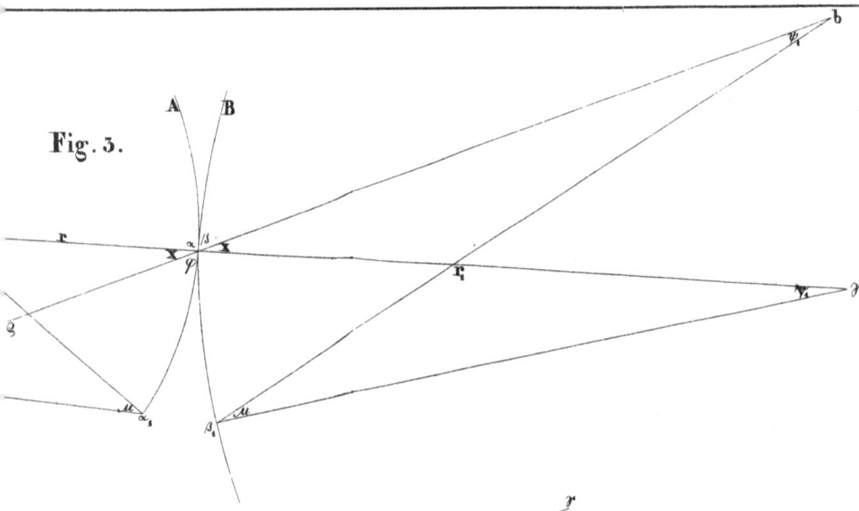

Fig. 3.

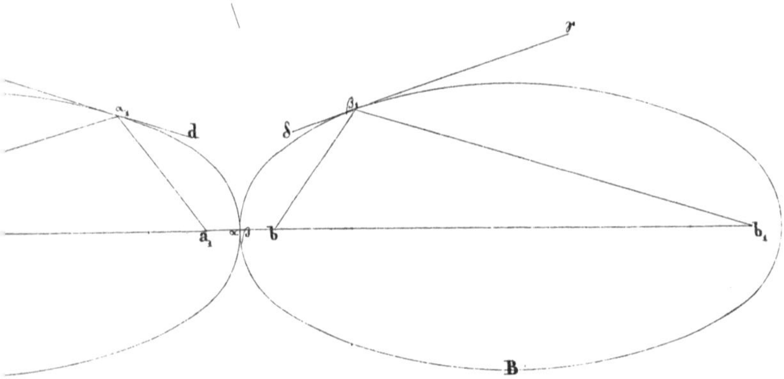

Fig. 2.

Fig. 5.

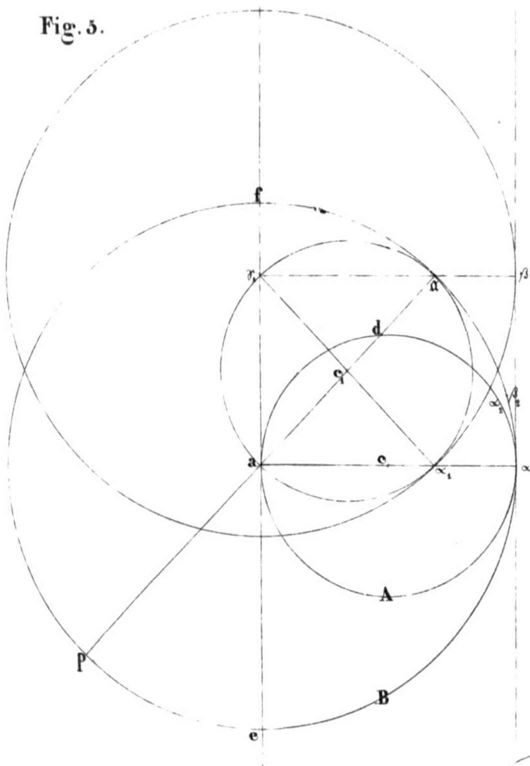

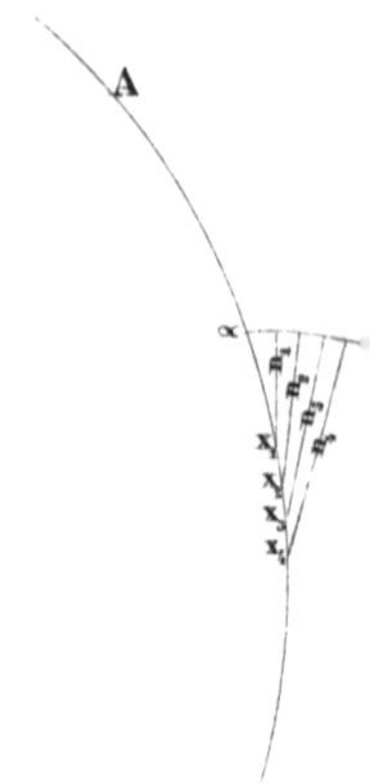

Fig. 6.

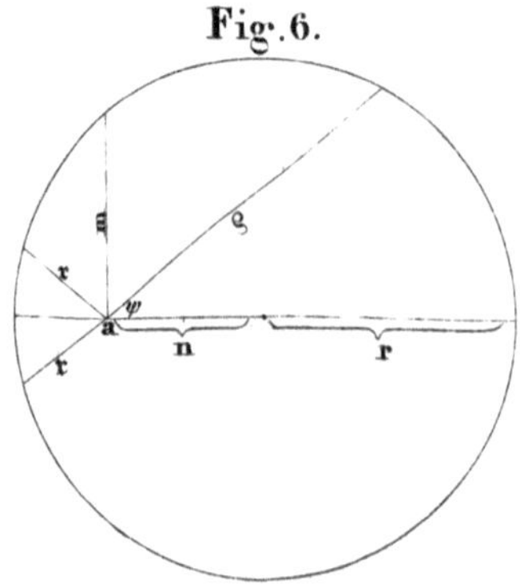

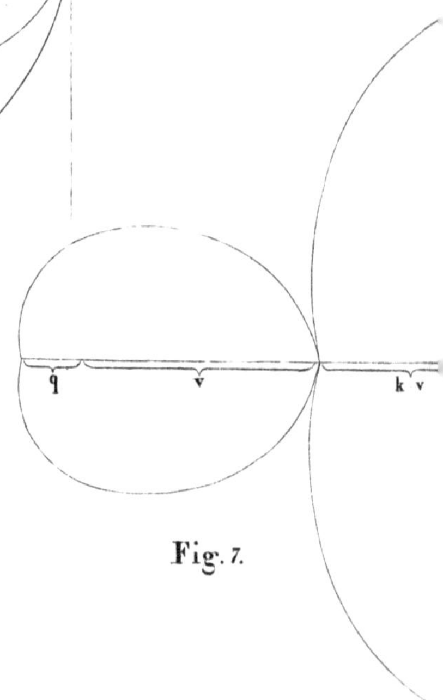

Fig. 7.

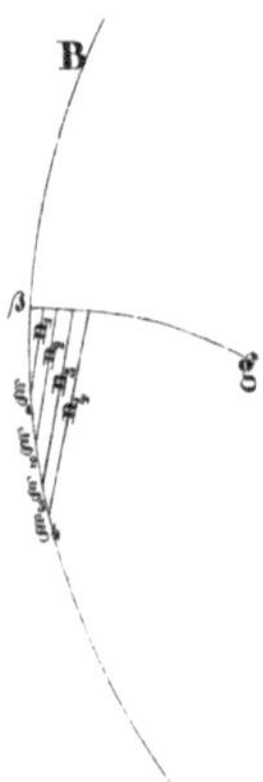

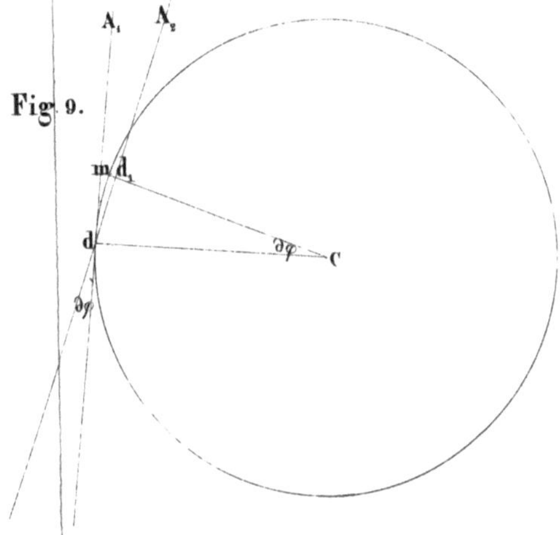

Fig. 9.

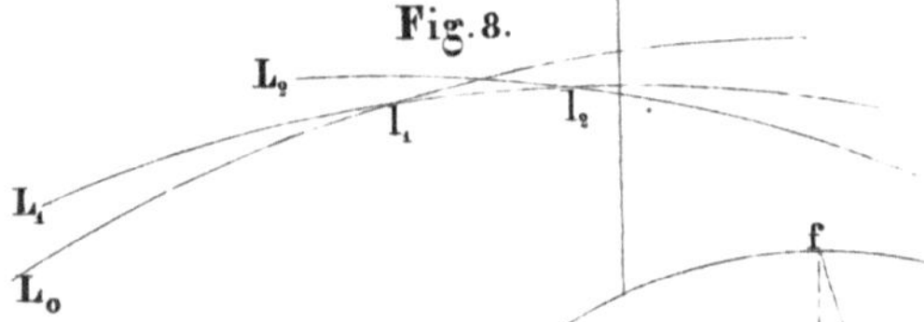

Fig. 8.

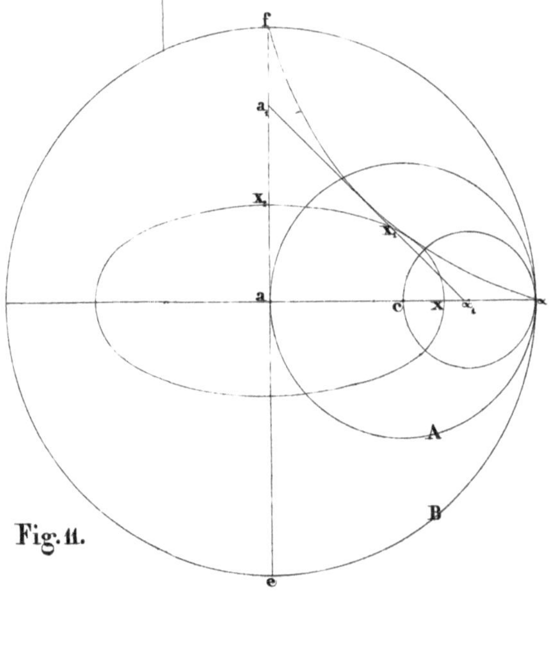

Fig. 11.

Fig. 12.

Fig. 13.

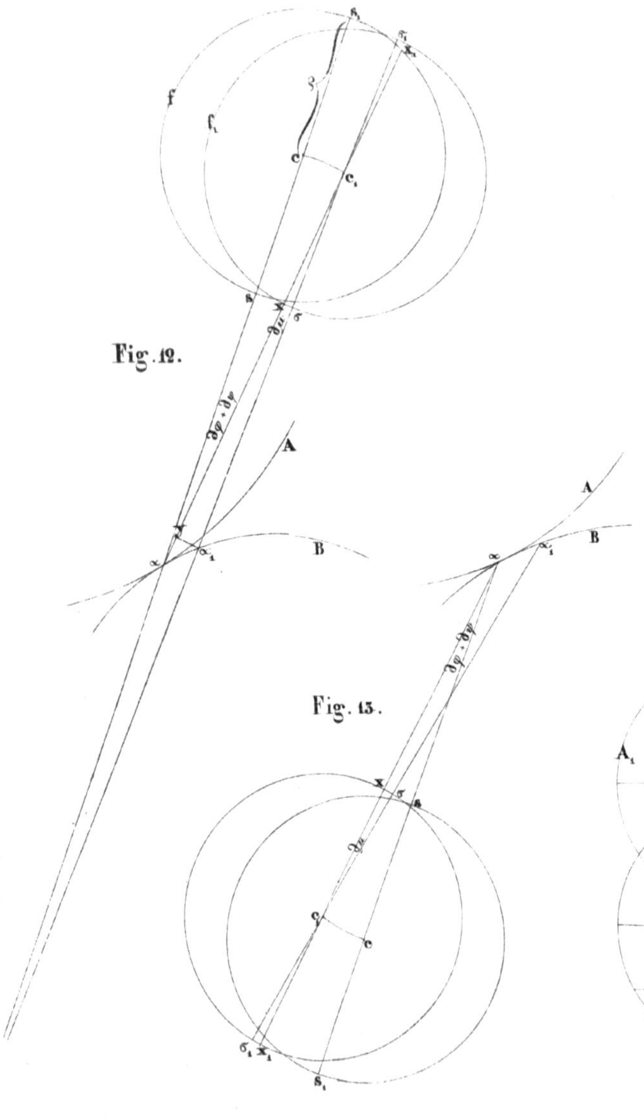

Fig. 14.

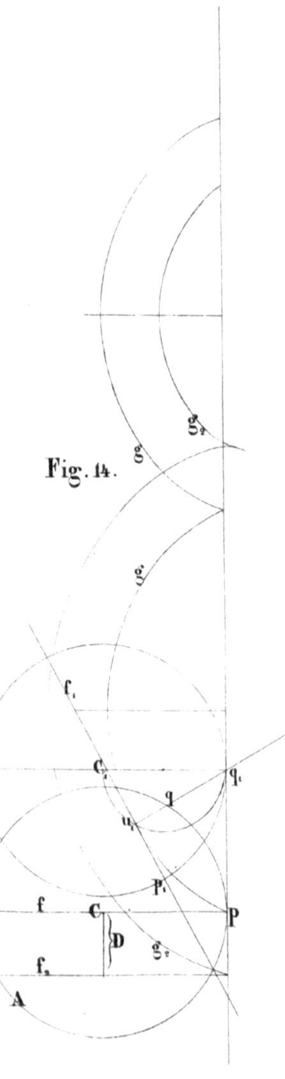

Fig. 15.

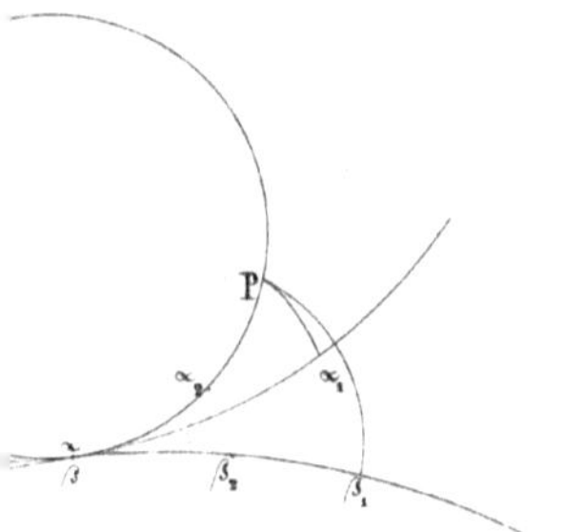

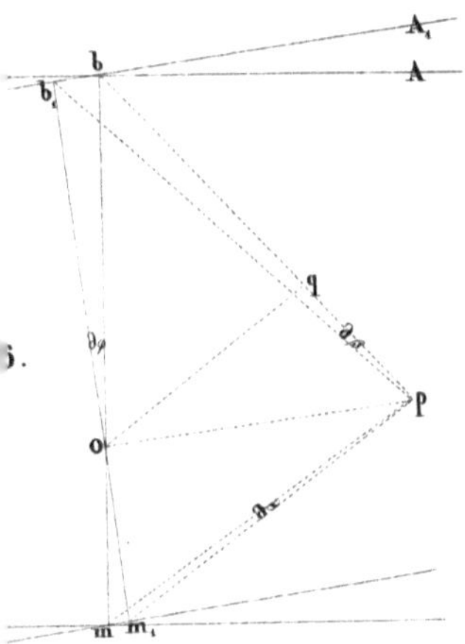

6.

Fig. 17.

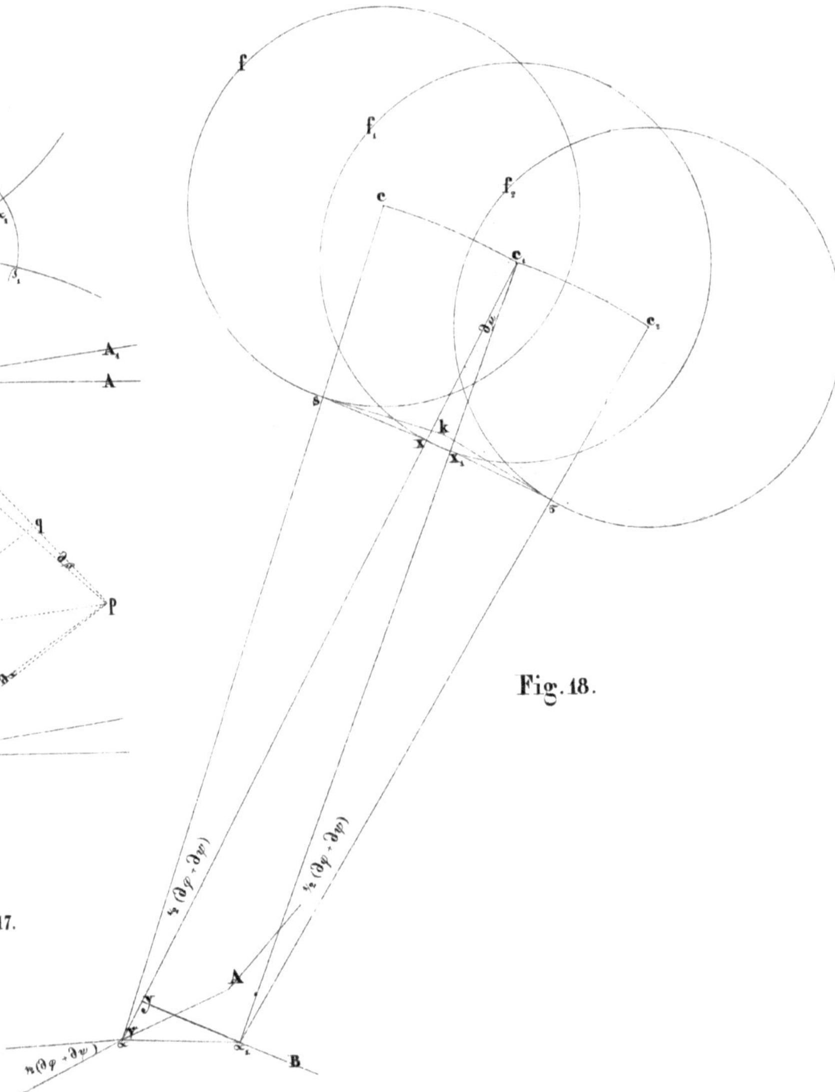

Fig. 18.

Fig. 12.

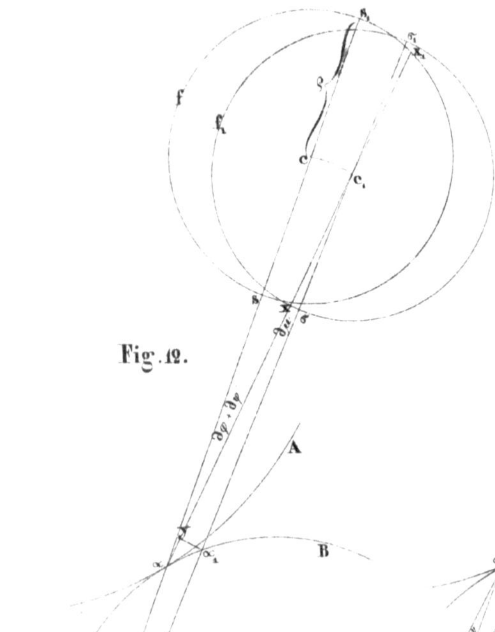

Fig. 13.

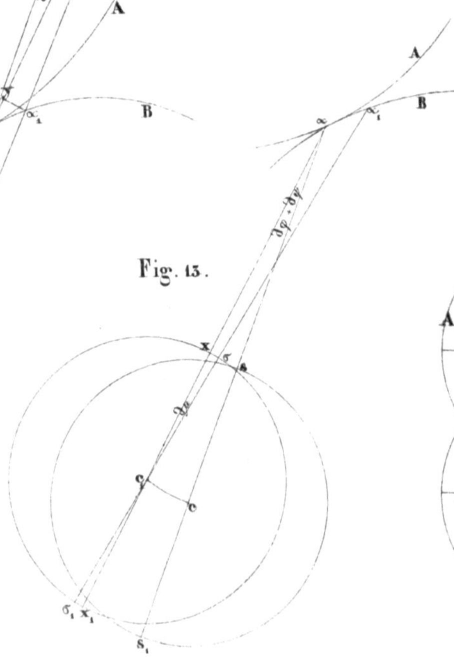

Fig. 14.

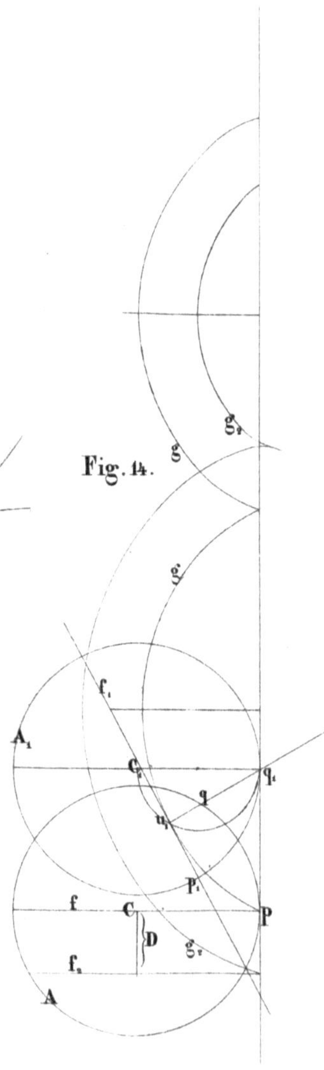

Fig. 15.

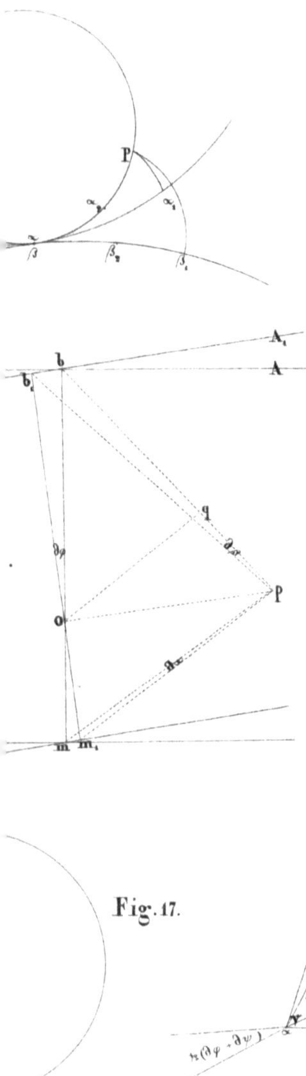

Fig. 17.

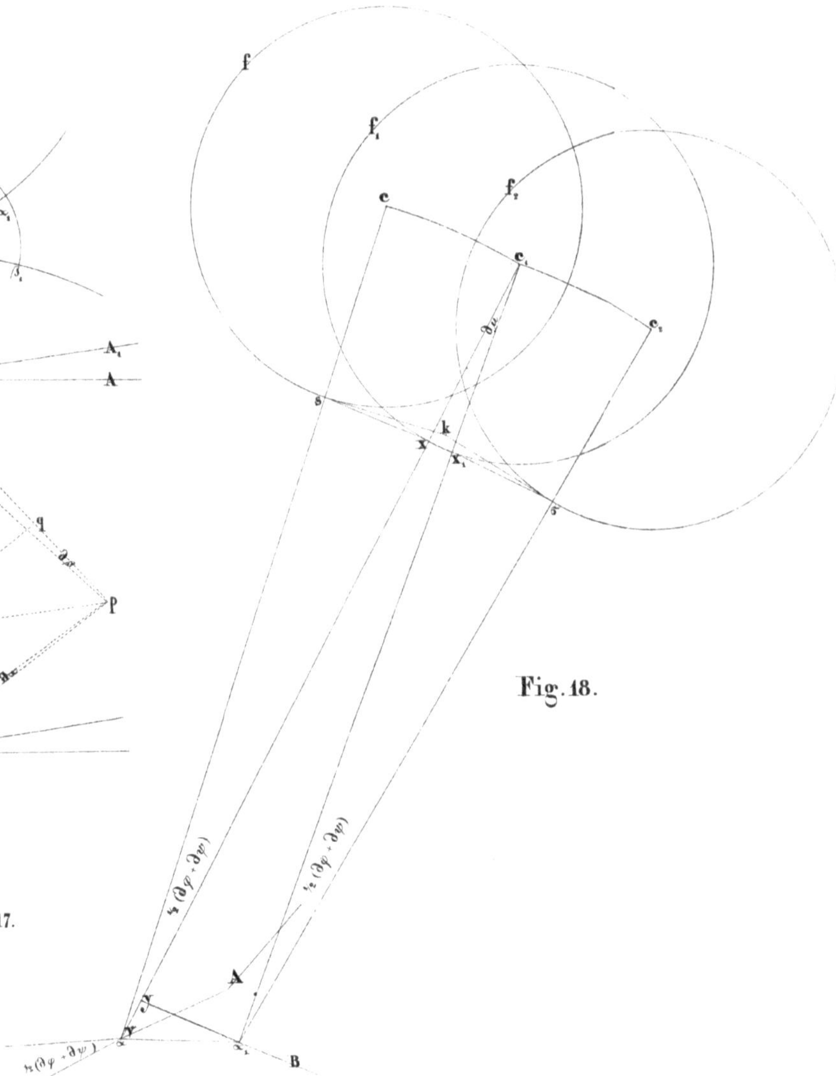

Fig. 18.